MAPPING THE OCEANS

SEPTENTRIO.
Grocland
Groenlant
Estotilant.
Islant
Noruegia
Noua zemla.
Suecia
Bergen
Tarta
Frieslant
Drogeo.
Irlant
Noua Francia.
Chilaga
Canada
Gol. di S. Lorenzo
S. Bradain
Terra de Baccalaos.
Brasil.
Roquelai
Norõbega
y Verde
Vlaenderen
Gallia
Germania.
EVROPA
Russia
Mosko
Clandia
Hispania
Italia
Lisbona
Corsica.
Natolia
Florida.
La Bermuda
Santana
Las Açores
Candia
Cipres.
La Emperadada
Sept cites.
Barbaria.
Lucaio
Limana
TROPICVS CANCRI
Canarie insule
Aegyptu
Cuba.
Spagnola
Iamaica
MAR DEL NORT
y. de capo Verde
C. blanco
AFRICA.
Agisymba
Nubia
Borno.
Guadalupe
y. de S. Bº.
C. Verde.
Tombotu.
Melli
Solis.
Aoripana
C. Serre liona
Cago
Mellegete
Mina.
Benin
Ambia
Caribana.
S. Paulo.
C. da Verga
C. de 3 puntas
Principe
R. Dangla
Abissi
Quito
S. Tomas.
Manicongo.
S. Roque
S. Croce
S. Matheo
Nobon
Tisnada
Fernãde de Loronno.
Ascension
Peru.
Amazones.
Brasil
G. de todos santos
OCEANVS AETHIOPICVS.
C. de arcas
Trinidad
S. Helena
C. Negro
Ascension
S. Maria
C. Frio.
Yslas de Miniuaes.
G de las bueltas.
S. Catelina
Rio de la Plata
C blanco
Trissan de Acuña
Gonsalo Aluares
C. Bone spei
Chica.
Chile.
C de 3 puntas
C. de los marinos
Prom. Terre Australis
Estrecho di Magallanes
Psitacorum regio, sic à Lusitanis appellata ob incredibilẽ earum auium ibidem magnitudinem.
Archipelago.
Calis.
Terra del Fuego.

航海的故事

图解海洋探索和海底探秘

[英] 卡罗琳·弗赖伊（Carolyn Fry）著
秦悦 译

華中科技大學出版社
http://www.hustp.com
中国·武汉

图书在版编目（CIP）数据

航海的故事：图解海洋探索和海底探秘/（英）卡罗琳·弗赖伊（Carolyn Fry）著；秦悦译．—武汉：华中科技大学出版社，2022.4

ISBN 978-7-5680-8073-6

Ⅰ．①航… Ⅱ．①卡… ②秦… Ⅲ．①海洋－普及读物 Ⅳ．①P7-49

中国版本图书馆CIP数据核字（2022）第042731号

Published by arrangement with Arcturus Publishing Limited

www.arcturuspublishing.com

This edition first published in China in 2022 by Huazhong University of Science and Technology Press, Wuhan City

航海的故事：
图解海洋探索和海底探秘

Hanghai de Gushi : Tujie Haiyang Tansuo he Haidi Tanmi

[英] 卡罗琳·弗赖伊（Carolyn Fry）著
秦悦 译

出版发行：华中科技大学出版社（中国·武汉） 电话：（027）81321913
华中科技大学出版社有限责任公司艺术分公司 （010）67326910-6023

出 版 人：阮海洪

责任编辑：莽 昱 杨梦楚

责任监印：赵 月 郑红红 封面设计：邱 宏

制 作：北京博逸文化传播有限公司

印 刷：广东省博罗县园洲勤达印务有限公司

开 本：635mm×965mm 1/12

印 张：16

字 数：100千字

版 次：2022年4月第1版第1次印刷

审 图 号：GS（2021）8689号

定 价：198.00元

本书若有印装质量问题，请向出版社营销中心调换

全国免费服务热线：400-6679-118 竭诚为您服务

目录

引言

人类是如何发现、记录并了解约占地球总面积71%的海洋的？要想解释这个故事可不是件易事，更别说只有这短短192页的篇幅。因为人类探索海洋的历史至少有65000年之久，包括早期人类乘坐原始船只漂洋过海到达澳大利亚，1960年人类首次潜入世界最低点——马里亚纳海沟的最深处，到现在人类为了解气候变化对全球的影响而做出的努力等。因此，本书讲述的是海洋地图绘制的整个历史，而非某一特定时期的历史。

我在书中对“绘图”一词的解释非常宽泛。因为本书不仅仅是一部有关水文学的技术书籍，而且书中探索的人物与事件能在许多方面提高我们对海洋的认知。本书内容涵盖了从人类首次学会在海洋生存、航行，到造船技术的发展，再到海洋学作为一门科学学科的兴起与发展。

本书基本按照时间顺序行文。第一章讲述了几件已知发生但缺乏足量证据的事件，比如早期人类穿越海洋抵达澳大利亚、跨越广袤的海洋殖民复活岛以及古埃及人建造的第一艘帆船。本章快结束时，腓尼基人与希腊人已经能熟练利用航海技术进行海上贸易，维京人也通过航海征服了北美洲的新大陆。

第二章介绍了一些杰出的探险成就，包括中国人远航非洲并展现出财富与雄厚的实力，以及钟爱拓展疆域的欧洲人以控制贸易路线、殖民所到之地为目进行的航海活动。本章也讲述了提高航海安全的方法，其中指南针的发明与海员使用波特兰海图就是两个例子。

第三章以海员因无法计算经度而饱受折磨的故事开篇。这个问题被解决后，詹姆斯·库克船长打破了欧洲人长期认为的欧洲位于地球南部的观点。由于当今世界大陆板块和海洋的位置相对准确，博物学家就可以专心填补沿海区域的研究细节缺口，从而研究海洋的特性。这些科学调查包括查尔斯·达尔文发现了珊瑚礁以及为期3年的挑战者号科考远航，这部分内容将在第四章中向读者呈现。

第五章和第六章讲述了新技术的发展推动了海洋科学的进步。回声探测技术的发明、潜水技术的发展以及人造卫星成像的出现，为科学家进一步了解海洋、大气与陆地的物理进程奠定了基础。更加重要的是，这些技术有助于揭示人类活动对海洋生态环境造成的巨大影响，而这些问题亟待解决。

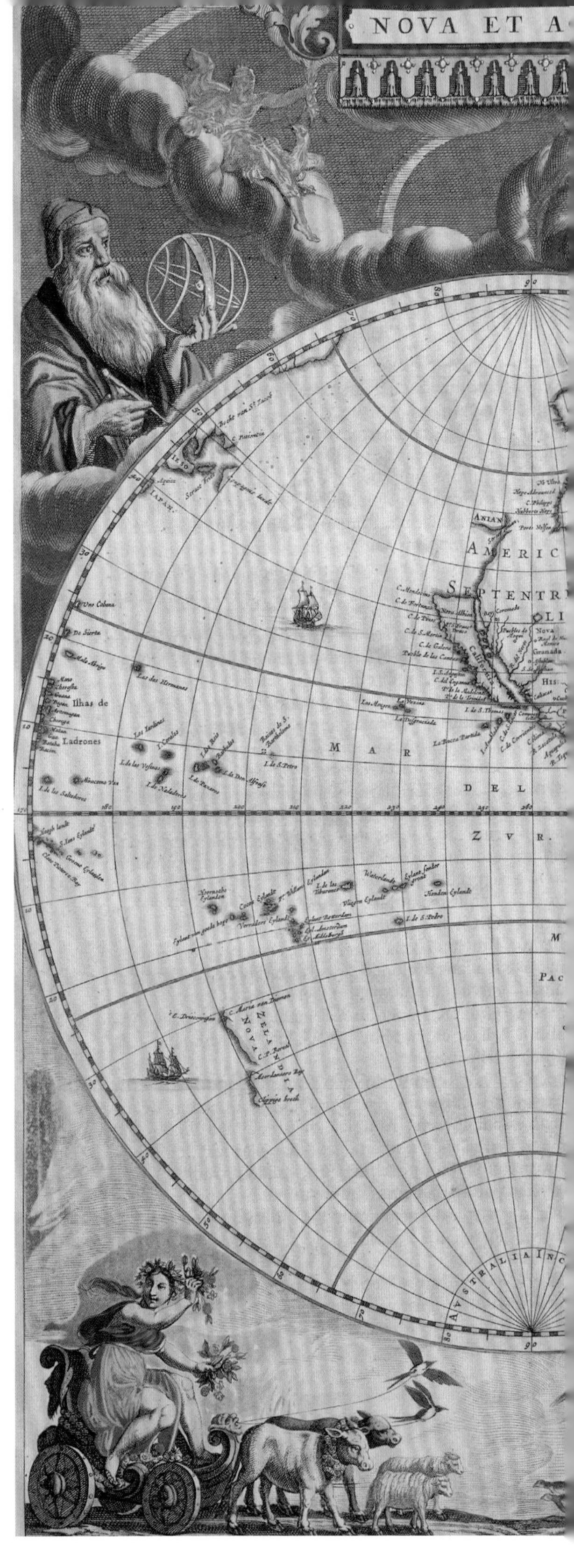

上图： 荷兰制图师约翰·布劳（John Blaeu）于1662年制作的世界地图。几个世纪以来，人们一直在努力尝试更精确地绘制海洋地图。

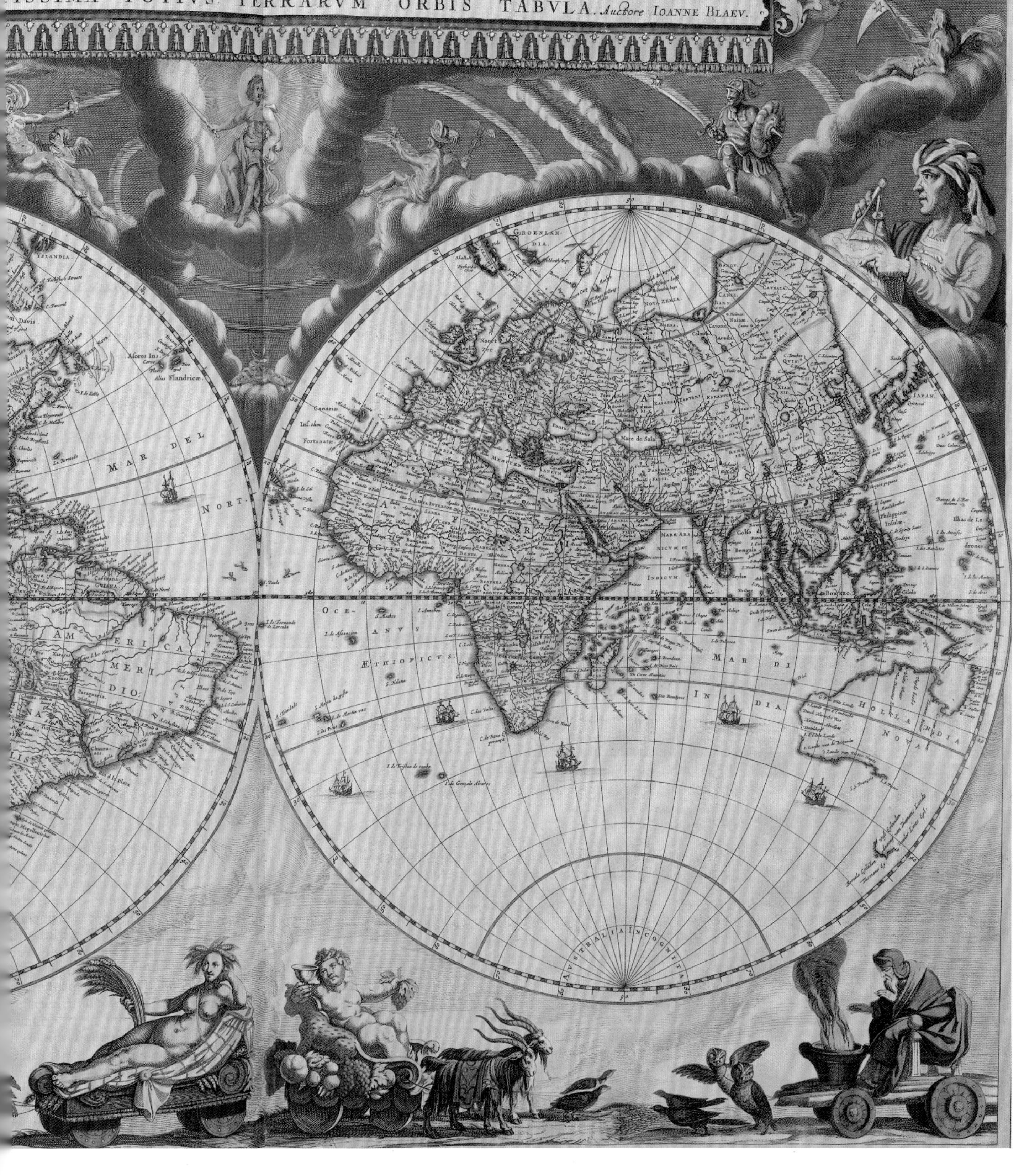

对人类绘制海洋地图的悠久历史进行研究后，我发现人类对海洋了解甚少。全世界被详细绘制成海图的海洋面积不足18%，人类对海洋生物的了解也存在巨大缺口。因此，新一代具有奉献精神的航海探险家，你们仍肩负重任，愿你们以自动航海机器人和其他创新技术为武装，尽快填补这些缺口，帮助人类更好地管理海洋，直至千百年之后。

作者　卡罗琳·弗赖伊

第一章

早期航海：造船、远洋探险、海上贸易以及掠夺

最早，船只的出现帮助早期探险家确定了世界主要大陆和海洋的位置。考古发现也为人们了解船只的发展过程及航海类型提供了证据。其中，地理学家托勒密（Ptolemy）对制图技术的发展做出了巨大贡献。

左图： 65000年以前，早期人类穿越海洋到达澳大利亚。

早期海上探险活动发生于海平面降低时

干燥的陆地仅占地球表面的29%，所以主导地球的是蓝色海洋。大约700万年前，人类原始祖先从森林灵长类动物进化而来并来到非洲热带草原，这就预示了他们不久就会到达沿海地区。的确，有些人成功了，并且在海陆相交的浅水区发现了大量海洋植物与动物。

为了得到这些食物来源，开拓者们的后代曾利用空心棍或竹筏渡过面积较小的水域。终于，或许是个人选择又或是意外，有些人进入了深水区，他们前往的目的地很可能就是在家乡岸边看到的远处岛屿。自此以后，人类远离家乡，航行至千里之外肉眼无法望及的地方便成为指日可待之事。

最近考古研究表明，人类首次长途远航发生在东南亚，距今至少有65000年历史。当时地球正处于2588000年前至11700年前的更新世地质时代[①]，这个时期的冰川作用非常活跃，冰期和间冰期交替明显。在71000年至前59000年前的冰期，水被锁在冰川中，海平面因此降低；65000年前的海平面比现在低85米（约280英尺）左右。那时各大陆块之间的距离被缩短，有助于人类进行早期海上开拓活动。

如果从马来半岛东南部出发，沿着苏门答腊岛、婆罗洲、爪哇岛、马都拉岛、巴厘岛以及周边岛屿航行，你就会发现巽他陆棚。考古学家认为最早期的海员曾经到过这个地方，但如今这片陆地早已被淹没。并且考古学家推测，当时海员拥有的船只和生存技能足以让他们

下图：地图显示的是东南亚巽他陆棚及澳大利亚北部莎湖陆棚的海底深度。65000年前，海平面较低，巽他陆棚曾露出海面。

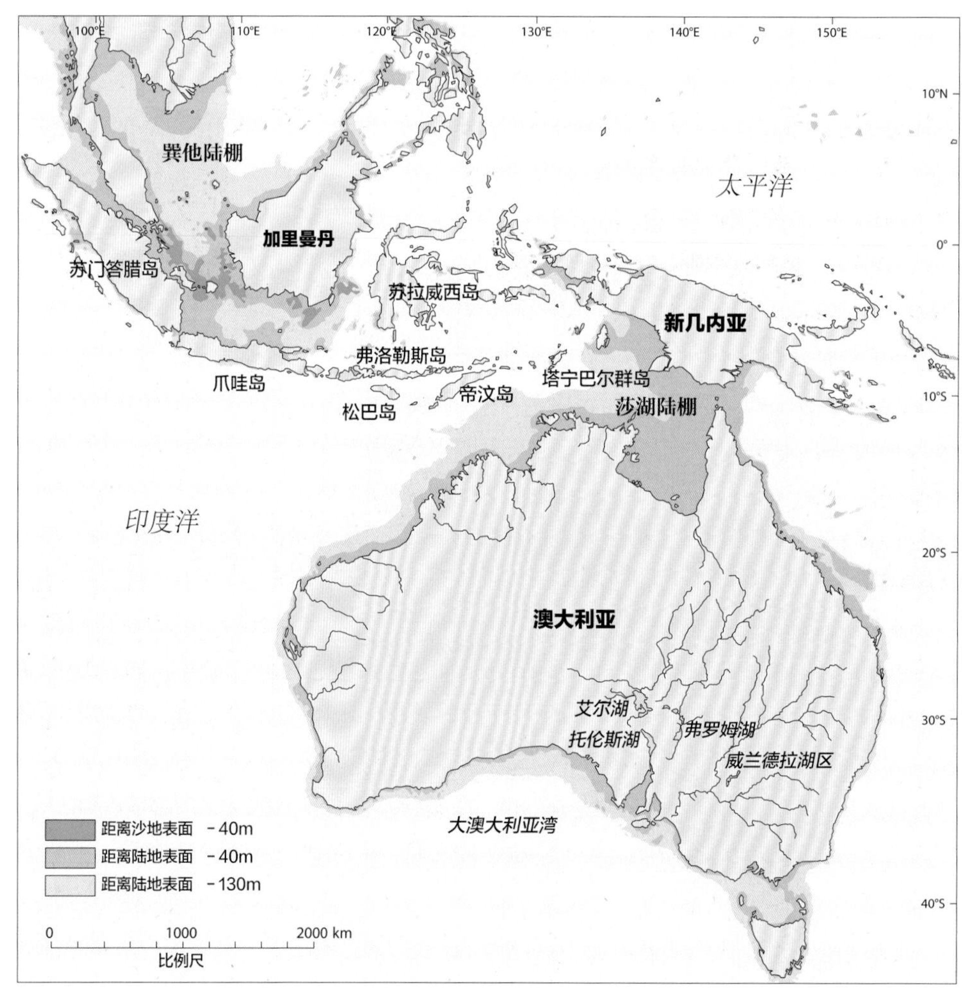

①：亦称洪积世，地质时代中新生代第四纪的早期，这一时期绝大多数动、植物属种与现代相似。显著特征为气候变冷、有冰期与间冰期的明显交替。

在海上航行90千米（约56英里），最后到达当时仍暴露在海面的莎湖陆棚，这片区域现在已经延伸到澳大利亚西北部的海底。

迄今为止，人类还未发现能追溯到如此久远年代的船只，但是根据考古遗址的线索，我们已经知道了人类祖先第一次海上航行的时间，即65000年以前，这个时间点是从一个叫作曼支贝比（Madjedbebe）的澳大利亚原住民岩屋遗址得到的，该地距澳大利亚北领地海岸约50千米（约30英里）。考古学家在此地发现了数千件文物，包括一堆古老的篝火、研钵、研杵、片状石器，以及用赭石制成的墙饰。该地附近一个叫作纳瓦拉比拉I（Nauwalabila I）的考古遗址也曾出现过人类活动，它的历史可追溯到53000年前至60000年以前。随着海平面上升，澳大利亚第一批居民所生活的其他地方很可能已被海水淹没。

虽然有些科学家仍在怀疑人类是否这么早就曾跨越如此遥远的海洋。但是有一件事非常明确，那就是约在48000年前至50000年前，人类在澳大利亚大陆已经开始了广泛的殖民活动。根据对母系遗传谱系的研究，在这个时期，澳大利亚原住民居民已经开始沿着北部海岸线向东部和西部迁移。他们在南部相遇，也就是如今的阿德莱德西部。此外，现在澳大利亚大陆海岸线周围存在大量考古遗址，它们的年代与基因年代相吻合。其中一个是离澳大利亚西北部非常遥远的岛屿洞穴，在50000年前至30000年前曾有人居住于此。

下图：大量证据表明公元前48000年至公元前50000年，在澳大利亚已有殖民痕迹。这块石头的历史已有30000年，它现在位于澳大利亚卡卡杜国家公园的乌比尔原住民岩石艺术画廊上。

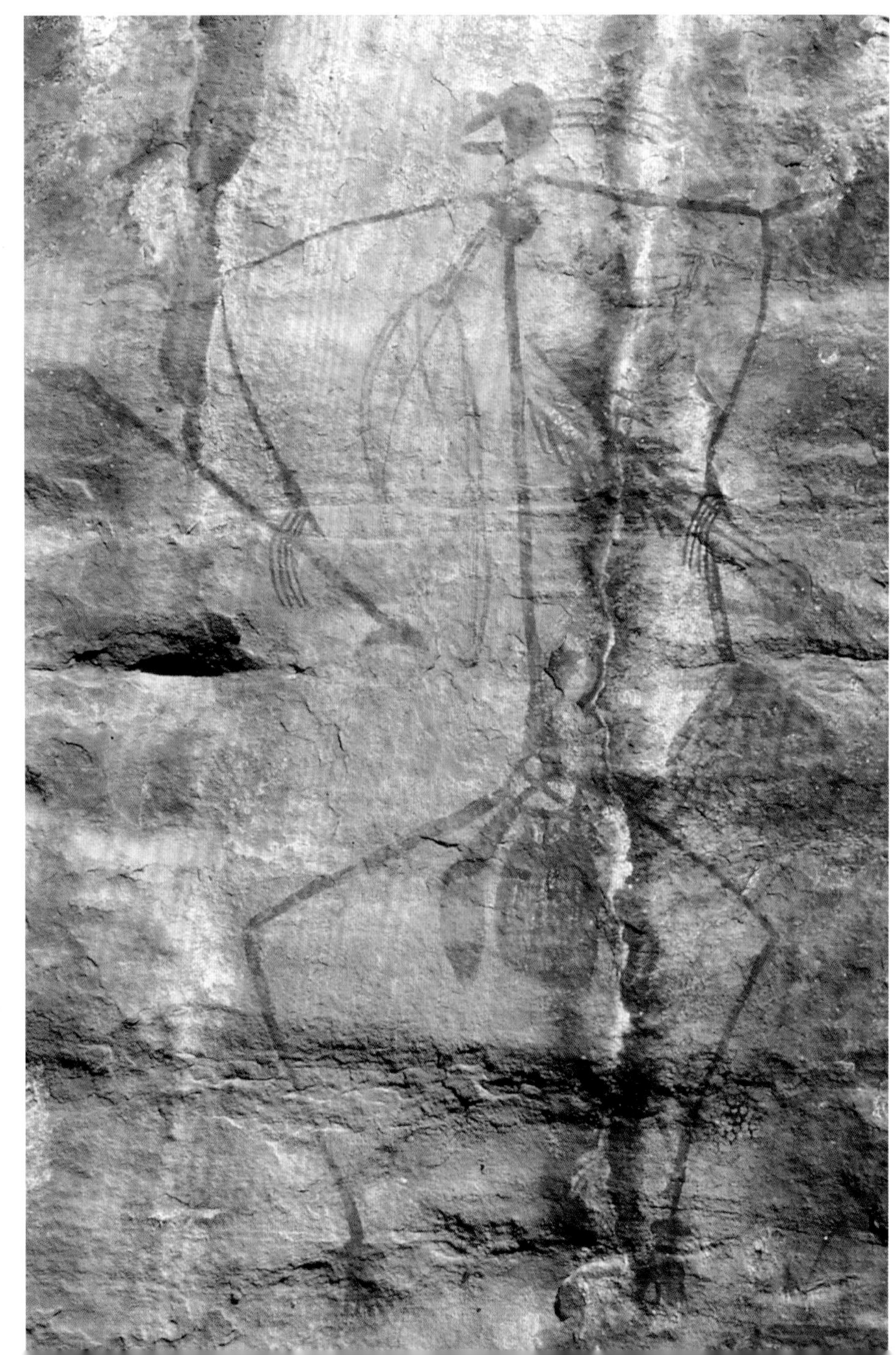

人类首次穿越海洋到达澳大利亚

考古学家假设了两条首批到达澳大利亚的人们所采取的路线。一条是从印度尼西亚北部到新几内亚（新几内亚与澳大利亚接壤，是当时暴露在外的莎湖陆棚的一部分）。另一条路线偏南，穿越苏门答腊岛和爪哇岛，经过帝汶岛（位于巽他陆棚东南部），再到莎湖陆棚，支持这条路线的人比较多。

对于偏北的这条路线，人们早期的争论在于，印度尼西亚北部各岛屿之间的距离非常近，早期海员出发前往新几内亚之前，应该可以看到它。但是如果假设人们无法从印度尼西亚的任何岛屿上看到这片现在已形成澳大利亚的地方，那么采取这条路线的可能性就不大。

上图： 第一批到达澳大利亚的人可能从帝汶岛海岸线出发，途经图示上现已被淹没的岛链。

然而，在2018年，科学家利用计算机分析技术合并了历史海平面、地形表面高度和海底数据，分析了当时人们在东南亚能看到多远的地方后得出结论，早期海员在印度尼西亚的帝汶岛和罗特岛上能看到一条现已被淹没的莎湖河岸岛链，该岛链在帝汶海域延绵700千米（约435英里）左右。从此处，人们可以看到位于莎湖陆棚的澳大利亚。

穿过这个岛链，海员就到达了如今已被淹没的海岸线，也就是最古老的曼支贝比和纳瓦拉比拉考古遗址附近。但要经过新几内亚再到达这些地方就会额外走很多路。

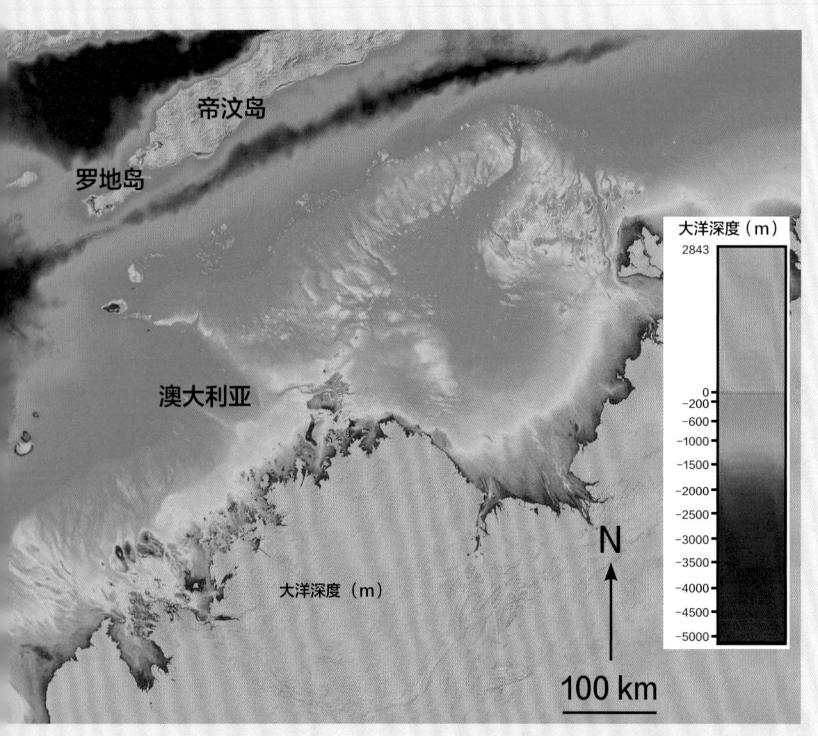

上图： 该图表示了澳大利亚西北部的海洋深度，并显示了萨胡尔河岸。

有计划和有目的的早期航海活动

一组澳大利亚科学家通过模拟航海和研究种群遗传学，得出了人类最早的海上航行是“有计划、有目的”的结论。该小组通过模拟了夏季风（北到西北的风增大了海员的机会）时的航行，发现船在海上随意漂流不可能到达莎湖一带，但是从帝汶岛和罗特岛适度划船航行，有可能成功到达莎湖海岸。

遗传学研究表明，要想成功在莎湖地区进行殖民，最少需要72个人，或许多达100人才能成功，这也就支持了第一批海员是因为个人选择而不是依靠运气才到达这里的观点。

波利尼西亚人掌握远途航海技能

在夏威夷群岛、新西兰和复活节岛构成的三角区域内有上千座小岛，这些小岛与图瓦卢群岛、所罗门群岛和瓦努阿图共同形成了波利尼西亚群岛。这些地方的语言、文化与信仰将分散在各小岛的居民们联系起来。

波利尼西亚群岛的殖民活动开始于海平面较低的更新世时期，当时，东南亚地区的人开始沿着海岸在岛屿间移动。根据一块经过放射性碳定年法测量的悬崖，人们得知早在公元前26000年左右，人类就已在所罗门群岛定居。

通过拉皮塔陶器制品，人们可以确定大约25000年后，另一批来自中国东南部的开拓者们曾从所罗门群岛向东南方向行进，到达圣克鲁斯群岛、瓦努阿图、洛亚蒂群岛和新喀里多尼亚。有些人甚至穿越830千米（约450海里）的海洋到达斐济，到达时间大约在公元前1000年。

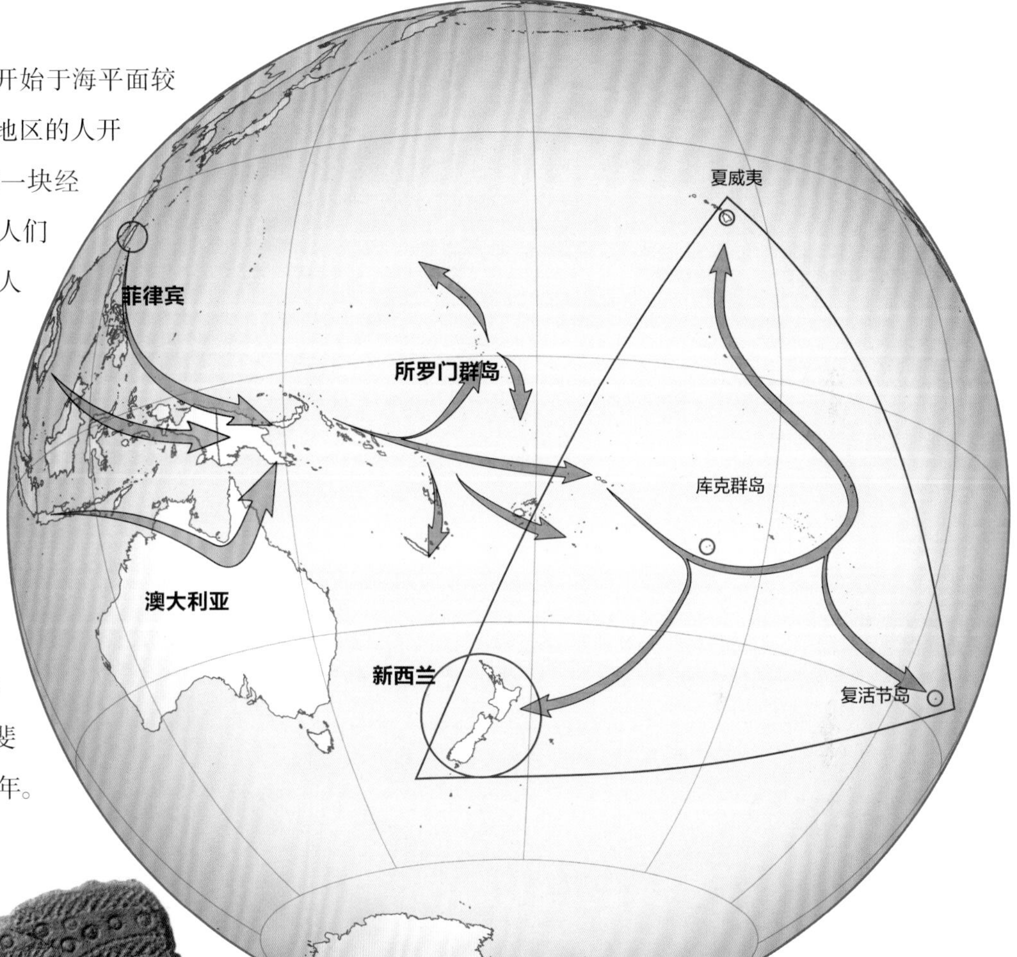

上图： 图中表示两拨波利尼西亚的定居者。公元前26000年，人类首次（蓝色箭头所示）到达所罗门群岛。很久之后，在公元700年，人类到达库克群岛，在公元900年，人类到达夏威夷和复活节岛。

左图： 根据拉皮塔陶器制品可以知道后来定居波利尼西亚群岛的人们的特征，正如此石膏模型所示。

这些人的后代在公元前800年左右殖民了萨摩亚。自此大约1900年后，才有人开始在社会群岛中部居住。随后几个世纪内，人类快速扩散，殖民了新西兰、夏威夷和复活节岛——这些地方是波利尼西亚三角区内最远的地方。复活节岛距其最近的岛屿皮特凯恩岛有1610多千米（约1000英里）的距离。

长期以来，科学家一直在思考，早期人类是如何制造适航船只，并且驾驶它们穿越浩瀚的海洋，到达相对较小的目标岛屿？因为缺乏考古证据，他们只能从18世纪第一批前往波利尼西亚的欧洲探险家对船只的描述中寻找线索。

英国探险家和博物学家约瑟夫·班克斯（Joseph Banks，曾长期担任皇家学会会长）曾在1768年至1771年间跟随库克船长进行环球航行。据他描述，在塔希提岛和汤加之间岛屿航行的船只体形狭长，有9—18米（30—60英尺）长，船型包括两个船体绑在一起或用悬臂梁吊起一个船体的样式，以桨和帆使船运动。成群结队的人搭乘这样的船航行远方。船上的水手以高耸的火山岛山峰为参照点，

对页图： 早期波利尼西亚的定居者很可能利用双层船体独木舟航行，就像此图所示1790年在汤加使用的这个。

上图： 1768年到1771年，詹姆斯·库克船长到达波利尼西亚时，植物学家约瑟夫·班克斯在此次探险中记录了当地人穿梭于各岛屿所使用的船只类型。

利用星星、太阳和波形的特征航行。此外，鸟类的飞行路线也为水手提供了陆地的迹象。

马绍尔群岛位于波利尼西亚以西的密克罗尼西亚岛群内，在这个地方，水手曾用木棍和贝壳表示海陆间的相互作用并绘制航海图。贝壳代表岛屿，弯曲的木棍代表远离陆地的海域，笔直的木棍则表示岛屿附近的洋流。早期波利尼西亚地区的水手很可能也使用过类似的技术和导航方法。

无论波利尼西亚早期的水手使用了什么技术，我们知道他们并不是被动地被季风环流和洋流带到岛上的，因为水手顺着盛行风行驶至每个新目的地的模式是一样的。这就说明，他们出发前会等待盛行风，这样一来，当风向再次改变时，他们就可以回家了。

上图： 马绍尔群岛的航海图，该图用木棍和贝壳表示当地海洋特性。

2014年，澳大利亚悉尼麦考瑞大学的科学家在一项研究中发现了风模式的重要变化，这个发现或许可以解释夏威夷、新西兰和复活节岛上发生的惊人快速殖民现象。当今世界，热带地区的风自东向西吹，而在更远的南方，风向恰恰相反。在这种情况下，早期的海员很难向东航行至复活节岛或向西航行至新西兰，并且没有证据表明他们使用的带固定桅杆的独木舟足以应对这样的风。

然而，根据从树木年轮、湖泊沉积物和冰芯中得到的证据，科学家推断，在1080年到1100年之间，热带地区发生收缩现象，西风带（南北纬30至60度中纬度地区由西向东的盛行风）向北移动，因此向东前往复活节岛的航行就可以实现了（位于现在的西风带）。后来在1140年到1160年间，情况完全相反，东风带向南移动，帮助水手航行至新西兰（位于现在的西风带）。这些风带变化开始得突然，停止得也突然，这可能也解释了为什么1300年后没有发生重大航行活动。

对页图：几千年来，古埃及人通过捕鱼获得食物。图中场景取自行政长官门纳（Menna）的墓穴，可追溯到公元前1400—前1352年，描绘了人们乘着纸莎草船捕鱼的场景。

下图：风模式的变化可能曾帮助早期定居者航行至复活节岛，复活节岛距其最近的邻居皮特凯恩岛有1610多千米（约1000英里）的距离。

古埃及人掌握造船与航行技能

对于早期波利尼西亚海员，我们对其的了解仅仅是通过古埃及人最早使用船只这一间接线索获得。公元前30000年至公元前10000年的证据表明，生活在尼罗河谷的狩猎采集者已开始从河漫滩区域捕食浅海物种，人们可能在海岸处进行捕捞，但也可能乘着由纸莎草制成的简易船筏捕捞。

已有证据表明，大约公元前10000年到公元前8000年，人类已经能大量捕捞鱼类，包括生活在尼罗河主河道的鱼类。渔网、鱼钩和改良船等技术的发展也让古埃及人比他们的祖先从河道深水区捕捞到更多种类的鱼。人们把捕到的鱼晒干，存至日后食用，公元前8000年左右，即便定居耕种模式取代了流动的捕捞模式，鱼在人们生活中仍然起着非常重要的作用。

事实证明，尼罗河的环境非常有利于早期定居群落发展水运。多亏了雕刻在花岗岩卵石上的图像，我们得知早在公元前7000年，埃及人就能建造带有转向系统和船舱的船只。第一艘帆船的图像也来自尼罗河；它出现在公元前3300至前3100年涅伽达文化时期（古埃及前王朝时期）的陶罐上。尼罗河向北流向地中海，人们顺着水流的方向划水非常方便。然而盛行风来自北方。虽然顺风航行在一定程度上有助于划桨，但是扬起船帆能更加省力。

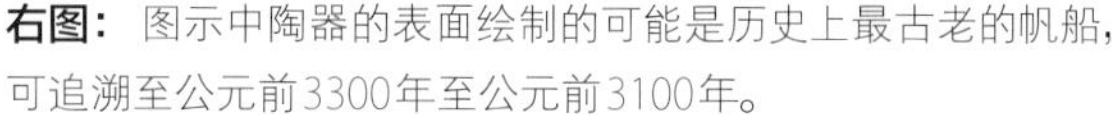

右图： 图示中陶器的表面绘制的可能是历史上最古老的帆船，可追溯至公元前3300年至公元前3100年。

对页图：这艘保存完好的胡夫船向人们证明了航海对古埃及的重要性。

上图：雕刻在巴勒莫石碑（Palermo stone）上的文字表示，早在公元前2613年就曾有过远途航海活动。

船只类型也在不断发展，从小型基础的纸莎草船筏发展到船顶被撑杆固定在柱子上的大型船只。大约在公元前3500年左右铜制工具得以发展后，埃及人开始用木头造船，他们保留了凸起的船头及船尾形状。上文提到的那个涅伽达时期的罐子上所画的帆船很可能就是木制的，因为它只有一根桅杆。专家认为，单杆会对芦苇船施加过高的压力，导致船体被桅杆穿透。

1954年，考古学家在胡夫金字塔（古埃及金字塔中最大的金字塔）底部的一堵墙后面发现了一艘长44米（约144英尺）且已被拆散的木船，通过此船，他们了解了很多古埃及人建造木船的复杂技术。大约4500年前，这艘船作为埃及法老胡夫（Khufu，埃及第四王朝时期的第二位法老）葬礼随葬品的一部分被埋葬。在它被发现的几十年里，人们找到了1200多块木头，其中大部分是雪松，并且重建了这艘船。这艘船出现在王朝陵墓中这件事清楚地体现了船在古埃及文明中的重要性。

人们从写在墓壁上的古宗教典籍《金字塔文》（*Pyramid Texts*）[①]中得知，直至公元前2400年到公元前2300年，埃及人已经建造了30多种船只；古埃及文献总共记载了100多种船只类型。除了在宗教仪式中发挥重要作用，船还被用于捕鱼、狩猎、军事用途以及运送乘客和运输货物。古埃及人之所以能建造金字塔和其他纪念碑，是因为他们能够将数千吨的石块从采石场运往数百千米外需要它们的地方。

古埃及人掌握了造船和航海技能，并且拥有靠近地中海和红海的地理优势，他们就更有机会进行远途贸易。巴勒莫石碑（记载第一王朝到第五王朝之间重大事件的石碑的一部分）也暗示了这一点，它上面记载了斯尼夫鲁法老（King Snefuru，埃及第四王朝的创建者）统治期间（大约公元前2613—前2589年）曾有“40艘装满雪松木的船（从黎巴嫩）而来”。另外，一处公元前1480年左右雕刻在哈特谢普苏特女王（Queen Hatshepsut，古埃及第二位可考的女性法老）神庙所在的代尔埃尔巴哈里（Deir-el Bahri，世界文化遗产）的场景也记载了某次航海活动，该航行的目的地是邦特之地（Land of Punt，大概位于非洲东海岸、埃及东南部的某个地方），目的是获取活的没药树和其他昂贵的珍稀物材。

然而，直到2004年，能证明古埃及航海活动的可靠证据才出现。考古学家在调查梅尔萨加瓦西斯红海海岸一个干涸的潟湖时，发现了一个洞穴，洞穴里面有雪松木板制成的破碎木箱、木屑、破碎的贮存罐、石锚以及一块刻有阿蒙涅姆赫特二世名字的陶器，阿蒙涅

①：《金字塔文》可追溯至古王国时期的古埃及宗教文本中最古老的已知语料库。金字塔文本是用古埃及文撰写的，雕刻在萨卡拉金字塔的地下墙壁和石棺上，记录了从第五王朝末期开始一直到第一中间时期的第八王朝。

上图： 取自哈特谢普苏特女王神庙，图中描绘了前往邦特之地的远航之旅。

姆赫特二世（Amenemhat II）是公元前1800年左右的埃及法老。随后经过调查，考古学家又发现了7个洞穴，里面有类似哈特谢普苏特壁画上的木材和船桨、一些提到了邦特之旅的石刻以及两块标有装配船只指示的梧桐木板。发现的很多手工制品上有海水船蛆蛀成的洞，这就表明它们曾在海上被使用过。

距离该洞穴最近的造船厂在基纳，它是尼罗河沿岸的一个城市，距离沙漠大约有160千米（约100英里）。发现这些洞穴的考古学家认为，古埃及人把拆解后的船只从埃及城镇基纳运到梅尔萨加瓦西斯（Mersa Gawasis），然后进行组装，横渡红海到达邦特之地。他们沿同一条路线返回，往返一次需4个月、上千名船员。众所周知，在古埃及大部分历史中，来自邦特之地的商品都是通过陆路商队运输。然而，在古埃及人开始利用梅尔萨加瓦西斯这个古埃及港口时，一个新的敌国在南部崛起，切断了埃及的正常贸易联系。而这很可能就是3500年前古埃及人首次在公海航行的最初原因。

腓尼基人与古希腊人利用航海巩固贸易

腓尼基人跨越地中海运输货物

也许发明帆船的是埃及人，但真正掌握海上贸易的却是腓尼基人。当哈特谢普苏特女王第一次从邦特之地（公元前1493年）进口活树时，腓尼基正处于鼎盛时期。腓尼基人来自现在以色列以北的地方，很早就建立了主要的沿海城邦西顿和推罗（现位于贝鲁特以南的黎巴嫩以及以北的比布勒斯）。后来，自公元前1200年起，他们凭借强大的海上实力，从沿海据点向地中海区域扩张。

受欲望驱使，腓尼基人继续寻找新的商品和市场。虽说早期地中海一带的贸易活动非常普遍，但腓尼基人是最早将贸易作为殖民手段的。4个世纪以来，他们在地中海西部建立了60个城邦，包括大莱波蒂斯（位于今天的利比亚）、北非海岸的迦太基、加的斯（位于西班牙）和巴勒莫（位于意大利）。这些地方最开始被当作贸易站，后来慢慢随着时间的推移变得越来越稳定，最终成为拥有永久人口的殖民地和城市。

腓尼基人乘坐以桨为动力的帆船在地中海航行，进行奴隶、玻璃、葡萄酒、黄金、橄榄油、陶瓷、紫色染料（由骨螺壳制成）、银和锡等交易。然而能证明他们贸易活动的证据很少，主要证据来自艺术品和沉船。在西班牙海岸外的三艘

下图： 腓尼基人在地中海区域的贸易路线，正如图上所示，并非所有航程都沿海岸线进行。

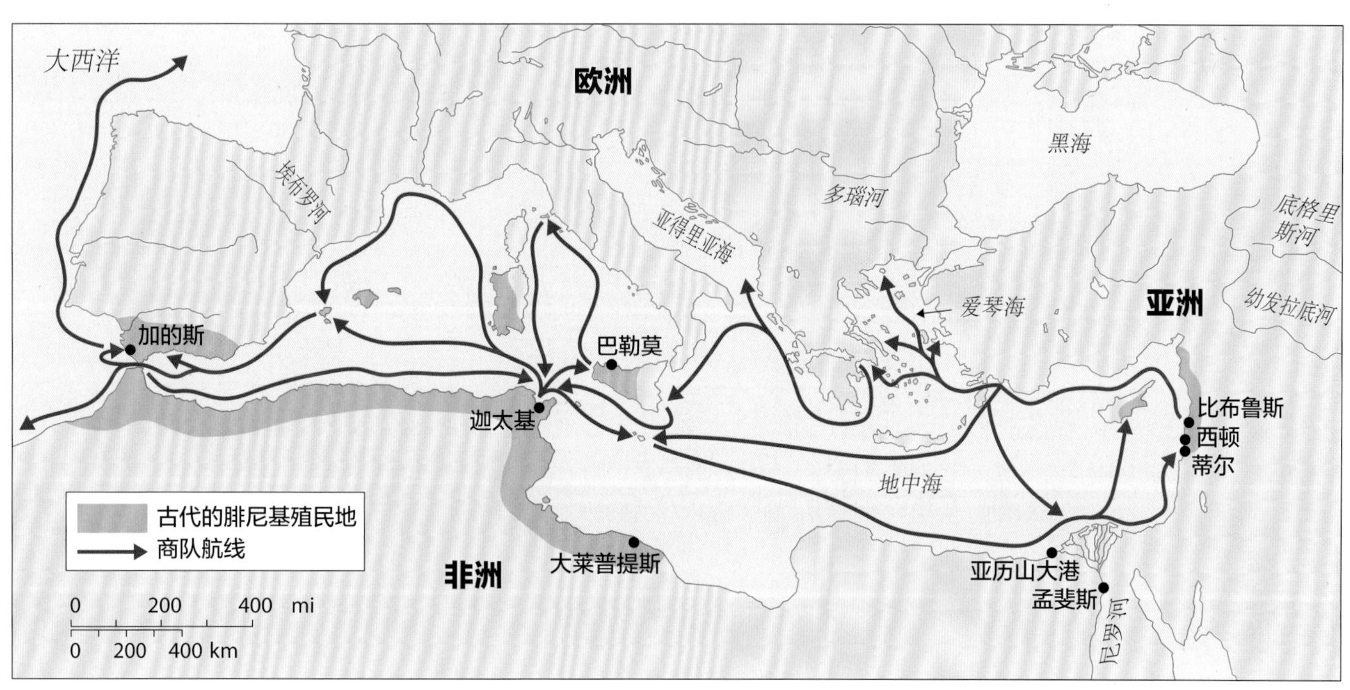

腓尼基商船“坎伯纳”（Bajo de la Campana）的沉船中，人们从中发现了石头祭坛、象牙（很可能来自非洲）、锡和铜锭、铅矿块、安达卢西亚陶器、原始琥珀（来自波罗的海）和松子等物品，这些物品的年代可追溯到公元前700年至公元前600年，充分展现了商品交易的多样性和腓尼基贸易网的范围。

现已知最古老的腓尼基沉船的历史可追溯到公元前700年，考古学家于2007年在马耳他戈佐岛以西发现该船。该船的残骸包括由火山岩制成的磨石和几十个

下图： 公元前1110年，腓尼基人发现西班牙城市加的斯。

人们从未见过的古瓮和双耳罐等。经检测发现，有些陶瓷中含有当地蜂蜜的成分。马耳他大学的考古学家对该遗址的发现进行了记录，他们认为这艘船曾沿着地中海中部航行，并在沿途港口停靠、装卸货物，可能在戈佐岛装完货物后前往北非的途中遇难。考古学家希望能及时从船身取样，进一步了解该船的来历。

左图： 图示金属器皿是腓尼基人交易的货物之一。

地中海地区开始出现航海活动

最早能证明地中海区域出现航海活动的证据是黑曜石，这是一种火山玻璃，在史前曾被用来制造有缺口的石器。黑曜石的历史可追溯至公元前11000年，人们通过科学鉴定技术发现，在希腊大陆地区发现的黑曜石可追溯到爱琴海上的米洛斯岛、贾利岛和安提帕罗斯岛，以及意大利西部和西南部的利帕里岛、潘泰莱里亚岛、帕尔马罗拉岛和撒丁岛。科学家认为，自公元前6000年起的4500年里，在地中海区域，黑曜石经常被运往数百千米外的地方，而这只有适航船只和有能力的航海家才能做到。

右图： 黑曜石，来自希腊米洛斯岛，为探究人类早期航海历史提供了线索。

上图： 奥林匹亚斯船，它是三桨座战船的改造版，腓尼基人与希腊人都曾使用过。

希腊人撰写第一部沿海航行指南

公元前800年至公元前600年，希腊人效仿腓尼基人的发展，在地中海中部和西部、达达尼尔海峡（位于爱琴海和马尔马拉海之间）以及黑海周围建立了殖民地和贸易站。然而，希腊人这样做的原因更多是为了解决国内人口过剩的问题，而不是出于商业欲望。两国基本上都崇尚和平，但偶尔也会因竞争产生摩擦。

腓尼基人与希腊人的繁荣都依赖于拥有远距离运输大量货物的能力。由于海洋运输通常速度快且安全，所以航运技术在这个时期不断发展。现在我们已经知道腓尼基人与希腊人都曾使用过两种主要的船只：一种是船体宽而圆、货载量大的商船；另一种是船头尖似羊角、船身光滑的大型战船，三桨座战船。

左图： 公元前320年，皮西亚斯从法国南部游历英国，详细记录了在大西洋的生活。

腓尼基与希腊的水手以大自然和人为地标、太阳与星星为向导，并且根据水流、涌浪、云和风的特征获取航行线索。由于地中海周围的海岸线被群山环绕，他们可以像现在的水手一样冒险进入远离海岸的深水区后仍旧能看到陆地。然而，早在公元前700年西方文学开端之时，在荷马史诗《奥德赛》(*Odyssey*) 中就曾有过几次关于开放式海上航行的描述。

希腊历史学家希罗多德（Herodotus）曾报告过一次冒险旅行：即公元前600年腓尼基人耗时3年的非洲环行之旅。他提到当海员航行至非洲南部海岸时，看到太阳在右侧。尽管希罗多德对此表示难以置信（在很长一段时间里，历史学家对这趟航行的真实性有过争论），但是海员穿越非洲海岸，太阳的确在他们的右边（北方）。

腓尼基人继承了埃及人发明的帆船并对其加以利用从而创造了贸易文化，希腊人也将腓尼基人的字母形式发展成字母表，用以记录发生的事情。自公元前6世纪以来，关于历史故事、地理和沿岸航线指南的信息越来越多，其中，沿岸航线指南记录了根据沿岸所遇地标进行的沿海航行活动，包括海港、海滩、人口与货物贸易的信息，对水手来说，这些就是有用的航行指南。

大约公元前320年，希腊探险家皮西亚斯（Pytheas）曾在一本名为《论海洋》(*On the Ocean*) 的手稿中记录了一次开拓性旅行。尽管此书的原稿已经丢失，但人们仍可以在后来的希腊作品中看到与其相关的引用。这些资料可以让历史学家推断出皮西亚斯的航行路线：从希腊殖民地马萨利亚（现在的法国马赛）出发，途经直布罗陀海峡，经海路向北到达布列塔尼，或通过陆路到吉伦特河口，然后乘船向北，再绕过不列颠群岛，可能还会继续向北到冰岛或挪威。

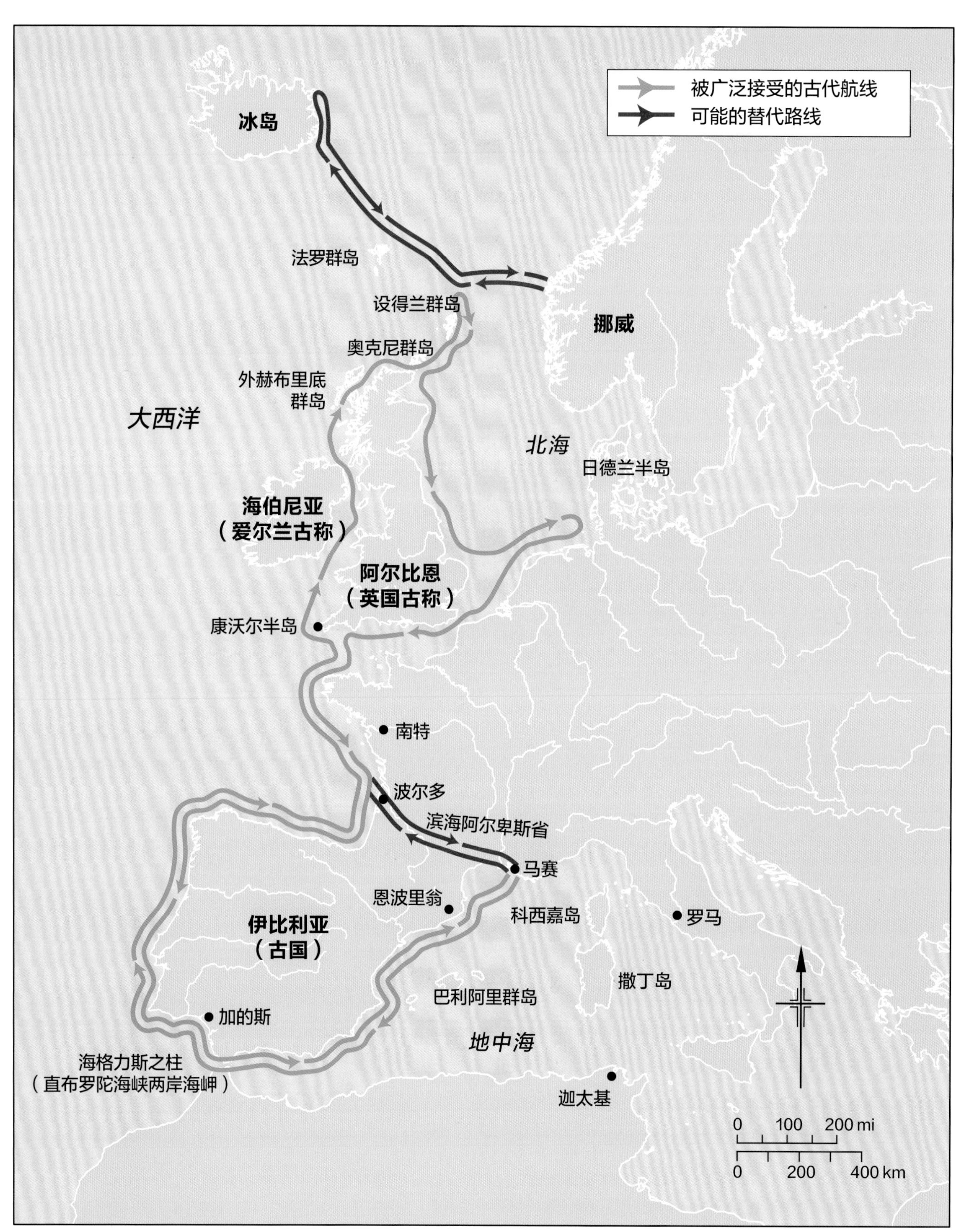

上图： 皮西亚斯可能采取的路线。

无论皮西亚斯采取哪条路线，他都提高了希腊人对大西洋的认识。尤其是他启发人们找到了在地中海交易的锡（康沃尔郡）和琥珀（日德兰）的发源地。他的观察可能为希腊历史学家狄奥多罗斯（Diodorus）描写英国制锡业提供了依据。狄奥多罗斯不仅向人们介绍了锡的生产过程，还记录了潮汐信息，描述如下：

> 人们把锡加工成指关节骨大小的碎片，将其运到距离英国不远的一个叫作伊克蒂斯的岛上（可能是康沃尔的圣迈克尔山）；因为退潮时，该岛与大陆之间的区域变得干燥，人们可以用马车将大量的锡运到岛上。（这是发生在欧洲和英国之间的邻近岛屿上的独特现象，因为涨潮时，岛屿和大陆之间的通道被海水填满，使它们看起来像岛屿，但在退潮时，海水退去，陆地变多，它们看起来像半岛。）

上图： 目前已知最早的地图，即“世界宝鉴”，可追溯到公元前700—前500年，地球被描绘成扁平状。被水环绕、呈圆形，该地图的中心是巴比伦。

上图： 天文学家、数学家兼地理学家托勒密在罗马帝国鼎盛时期所认识的世界。

第一张地图名为《世界宝鉴》(*Imago Mundi*)，绘制于公元前6世纪左右，该地图的中心是巴比伦和幼发拉底河。在那时，人们认为世界是平的。大约300年后，随着知识的进步，希腊数学家埃拉托斯特尼（Eratosthenes，最重要的贡献是设计出经纬度系统，计算出地球的直径）证明了地球实际上是一个球体，并粗略地计算了它的周长。据他估计（他的估算单位是体育场，但是我们无法对其精确核准），地球周长在39375千米（约24470英里）和46250千米（约28740英里）之间，非常接近现代测量的40030千米（约24875英里）。

希腊天文学家、占星家兼地理学家托勒密，生活在公元前180年至公元前100年，他的愿望是为地图绘制者提供工具，帮助他们绘制出自己所熟知的世界。他在《地理学指南》(*Geography*)，又称《地球形状概论》一书中提出了将球状的地球投影到平面上的方法，并列出了8000个具有地理特征和经纬度坐标信息的地方。他的信息主要是从航海商人的航海记录中收集而来的。

虽然托勒密本人制作的所有地图都已经遗失，但是《地理学指南》的文本得以保存，几个世纪以后，希腊学者马克西姆斯·普拉努得斯（Maximus Planudes）在君士坦丁堡（东罗马帝国的首都）重新发现了该文本。并且他在1300年重新绘制了托勒密的地图，该地图促进了古代世界地理思想的复兴。1477年，第一本地图印刷版（使用的是拉丁语，而不是原版希腊语）在罗马出版，并且定期再版直

下图： 1482年再版的托勒密世界地图，曾对西方地图绘制产生巨大影响。

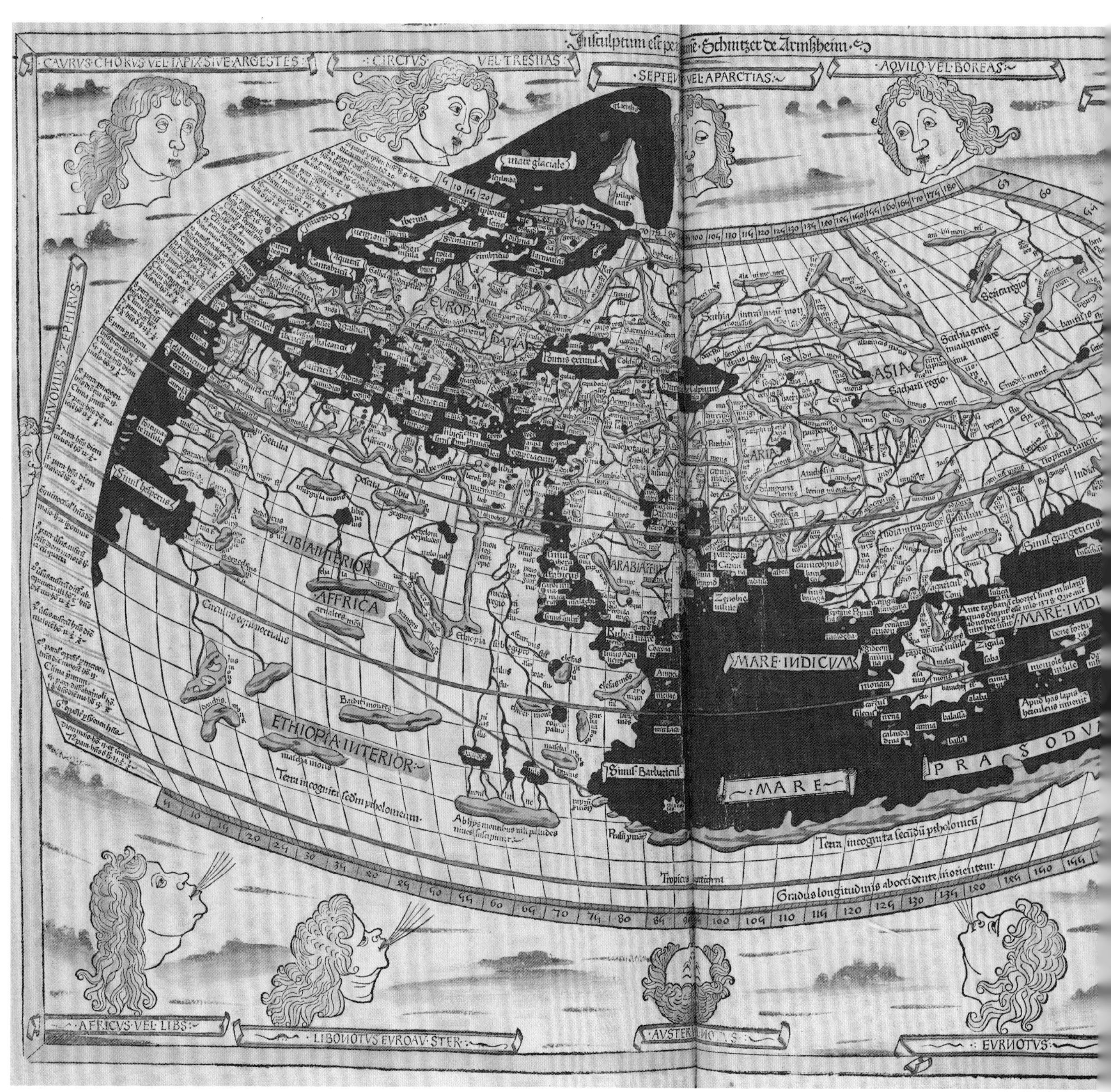

至1550年。广大的读者也通过它了解了托勒密的世界观。

尽管托勒密对世界地理的描述不太准确，但在当时，他描述世界地形的方式、使用天文观测来确定地理位置以及如何利用坐标在地图上表示位置，都是非凡的成就。例如，他的作品远胜于中世纪最好的世界地图，并对西方地图学产生了重要影响，既是未来地图绘制的起点，又为欧洲人探索世界提供了模型。

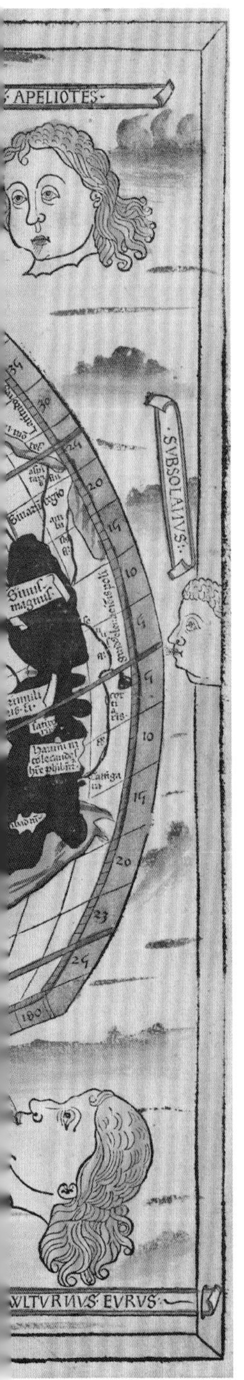

在黑海发现最古老的完整沉船

2018年，科学家在黑海工作时发现了世界上最古老的完整沉船。这艘船的历史可以追溯到公元前400年左右，这是一艘希腊船，长23米（约75英尺），它的桅杆、舵和划船凳都保存完好。这很可能是一艘贸易船只，仅从船上的装饰件，如大英博物馆（British Museum）的塞壬花瓶（Siren Vase），科学家断定该船并非新型船只。

尽管人们已经在埃及墓葬遗址处发现了年代更久远的船只，但保存如此完好的古代沉船的确罕见。科学家认为，黑海独特的水化学使该船没有被腐蚀，因为黑海180米（约590英尺）以下是无氧环境。缺氧层有助于防止变质。

这艘沉船位于水下2000多米（约6560英尺）处，是为期3年的黑海海上考古项目（MAP）发现的60艘水下船只之一。该项目属于英国与保加利亚协作的多学科科考项目，它致力于揭秘该地区人类活动的历史。其他的发现还有装有双耳罐的罗马商船、17世纪的哥萨克突袭船舰等。

下图：这个塞壬花瓶被珍藏于英国伦敦的大英博物馆，上面描绘了希腊英雄奥德修斯（Odysseus）航行驶过塞壬所在的海域（塞壬的歌喉可以引诱水手失神，从而引发航船触礁）。

维京人在大西洋的掠夺、贸易与定居

与近东和地中海区域不同，北欧大部分地区在12世纪之前是一潭死水。虽然如此，北欧人民也独立地发展出自己独特的海洋文化和贸易联系。3世纪至8世纪之间，盎格鲁人和撒克逊人不断锻炼航海技能。例如，萨福克的萨顿胡墓地遗址（Sutton Hoo burial site，内有盎格鲁-撒克逊国王的墓葬）处的信息告诉人们，撒克逊人能建造复杂船只并且在建造过程中使用了死海地区的沥青。

自公元前200年起，现代欧洲的大片地区曾被罗马统治长达6世纪之久。公元5世纪至9世纪，西罗马帝国在476年灭亡，此后，来自荷兰沿海地区的日耳曼人——弗里西亚人，成为著名的海员和商人。然而，在9世纪到11世纪，斯堪的纳维亚维京人以其卓越的航海探险能力成为北欧文化的代表。

左图： 维京人驾驶船只在海上航行。

上图： 在793年遭到维京人袭击的林迪斯法恩修道院的遗址。

在793年，维京人驾驶3艘船袭击了圣岛林迪斯法恩，从此预示着他们开始了在英国、爱尔兰、法国、伊比利亚和西地中海区域的一系列海上袭击活动。他们把修道院、教堂和城镇当作目标，连续袭击了60年。几年后，挪威人和丹麦人在苏格兰、英格兰、威尔士、法国西北部以及大西洋法罗群岛、冰岛和格陵兰岛定居。

维京人所到达的最远的地方是北美洲，因而他们也成为第一批到达美洲大陆的欧洲人，比克里斯托弗·哥伦布（Christopher Columbus）早了近500年。986年，挪威水手从冰岛出发开启远航之旅，他们在穿越格陵兰岛时，发现了这片大陆岛的东海岸。14年后，第一个发现北美洲的欧洲探险家莱夫·埃里克松（Leif Erikson）出发重启这段旅程。他从冰岛出发，绕过格陵兰岛西海岸，穿过戴维斯海峡，来到一块由他自己命名为赫鲁兰（可能是巴芬岛）的冰原上，然后沿着拉布拉多海岸向南航行。他曾在一片森林区域停留探索，最终到了一个自己称之为“文兰”（Vinland，后人推测可能是纽芬兰）的地方。1960年，人们在安塞奥克斯草地发现了木框泥炭草皮建筑的考古遗迹，从而证实了维京人曾定居于纽芬兰。人们在这里发现了大约800件挪威艺术品，同时还发现了生产钢铁的痕迹。2016年，人们在罗斯角挖掘出一处更偏南的遗址，这让考古学家更有希望继续寻找维京人曾居住于北美洲的线索，但直到今天，在该遗址处仍未发现重要证据。

左图：莱夫·埃里克松是第一个到达北美洲的欧洲人。

毋庸置疑，维京人是熟悉水性的航海者。要想在斯堪的纳维亚半岛和不列颠群岛、法罗群岛、冰岛和格陵兰岛之间通行，他们需要在开阔水域航行数千千米。维京人能够根据太阳的角度计算纬度，并在绳索上挂金属块以测量海水深度。他们使用一种类似日晷的太阳石来计算不同季节的太阳高度。然而，除了这些基本的工具，他们还必须根据海洋状态、风、潮汐以及鸟类和鲸鱼的行为等知识储备进行判断，才能最终抵达目的地。

左图： 在挪威，韦斯特福尔郡，农民在挖一座古坟时发现了这艘奥赛贝格号船。

人们在挪威和丹麦发现了20多艘船的遗骸，它们的历史可以追溯到9世纪至10世纪，这些船展现了维京人精湛的造船技艺，他们的作用是战争、贸易以及彰显威望。其中一个很好的代表是长26米（约85英尺）的奥赛贝格号（The Oseberg），可追溯到815—820年，该船被用于埋葬两位重要的女性。它的船头和船尾都呈现出优雅的弧度，根据真实可信的古老证据，这是一艘维京船，船上有可供30名水手划桨的桨孔。另一艘戈克斯塔德号（Gokstad）可追溯到895年，该船船身较长，船头和船尾较低，专为远洋航行设计。2018年，人们使用探地雷达在奥斯陆附近探测到一艘北欧维京船的墓穴。后来又发现了10个巨大的坟墓和一艘船的船体，这是迄今为止人类发现的大型船舶坟墓之一。同年在苏格兰，第一艘在英国大陆保存完好的维京船被发现。它只有5米（约16英尺）长，船中躺着一位首领的尸体，他的盾牌、剑和长矛也一起被埋葬于此。未来考古学家对这些遗址的进一步调查将帮助人们了解更多维京人的航海活动。

下图： 戈克斯塔德号需要34名船员同时划船才能航行。

最早的潜水员

数千年来，人类为了生存、商业和战争而潜水。而采珍珠是一种早期的商业潜水方式。人们在阿拉伯半岛的许多考古遗址处发现了珠母贝和射肋珠母贝等天然珍珠，其历史可追溯到公元前5000年至公元前3000年的新石器时代。其中，最古老的天然珍珠于2012年在阿拉伯联合酋长国的一处考古遗址被发现，它的历史可追溯到公元前5500年。在那个时代，人们收集珍珠，用于体现美和礼仪，贝壳则被制成鱼钩。

左图： 这幅图出自4世纪创作的《亚历山大大帝传奇》（*The Romance of Alexander*）手稿，图中，亚历山大大帝乘坐潜水钟被放入海中。

古代潜水员收集天然海绵用于清洁、沐浴和医药。根据17世纪英国物理学家爱德蒙·哈雷（Edmond Halley）的解释，这些潜水员“习惯在嘴里含一块浸过油的海绵来延长潜水时间”。最早的潜水钟可以追溯到公元前4世纪，其研制是为了帮助潜水员克服潜水一次只能呼吸一次的局限。亚里士多德曾说过，亚历山大大帝在公元前332年围攻提尔城时就使用了一个这样的潜水钟。

上图： 几千年前，人们就开始捕捞黑唇珍珠贝等物种。

جبل القمر وهو منبع النيل
بربره
الزنج
سفاله
الواق واق
تهامه
اليمن
الحجاز
كرمان
فارس
خراسان
العراق
الشام
مصر
صحاري برنيق
بلغار
جرمانيه
ياجوج
ماجوج

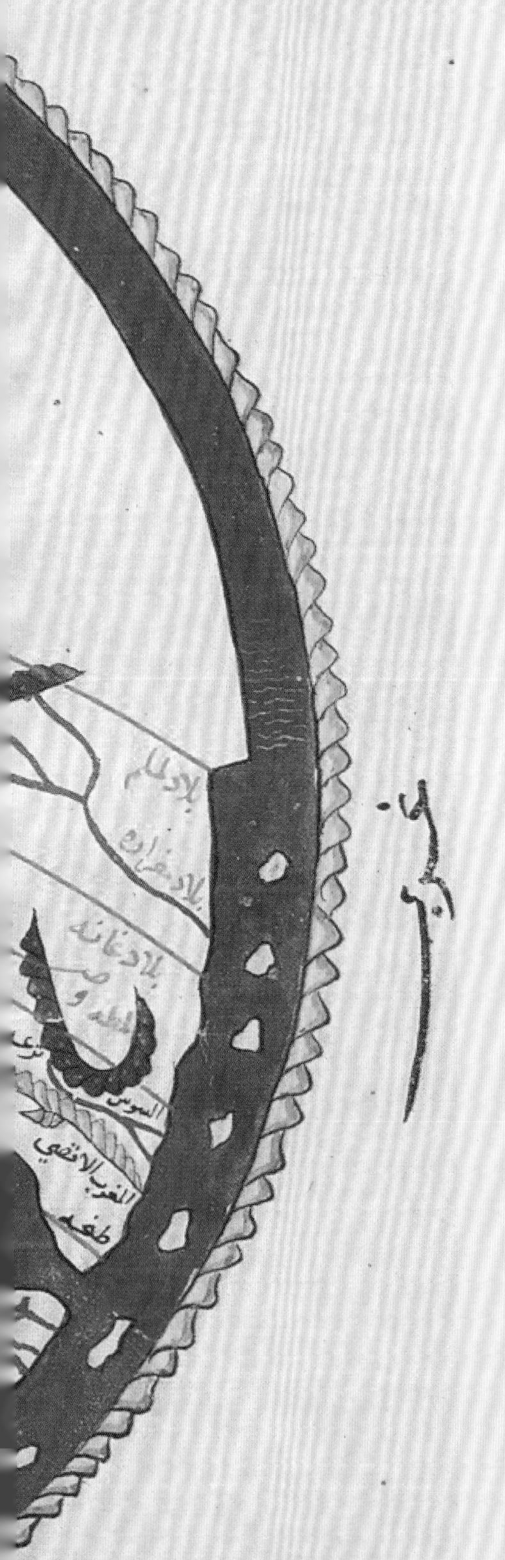

第二章

乘帆远洋：中国与欧洲航海技术的突飞猛进

造船业的发展以及人类对全球风模式的了解为中国和欧洲国家的主要航海活动铺平了道路。这些航海探险的主要目的是扩大影响力和控制贵重商品贸易。这个时期的地图反映了人们在航海过程中进一步拓展了地理知识。

左图： 穆罕默德·伊德里西世界地图被认为是中世纪最好的地理作品。

穆罕默德·伊德里西地图上呈现的伊斯兰文化和西方思想

千百年来，从476年西罗马帝国的灭亡到15世纪葡萄牙人和西班牙人开始海上探险，欧洲人对地球的了解并没有超越古希腊人。危险艰巨的越洋航行仍然增加了人类收集地球知识、提高对地球认知的困难。尽管这个时期出现了许多关于地球大小、形状和物理特征的研究，但是像今天这样关于地理的整体性学科还没有形成。

然而，在这个时期，有一部代表世界和海洋的优秀著作，那就是阿拉伯著名地理学家、制图师穆罕默德·伊德里西（Muhammed al-Idrisi，全名艾布·阿卜杜拉·穆罕默德·伊德里西）所创作的《云游者的娱乐》[*Recreation of Journeys into Distant Lands*，也被称为《罗吉尔之书》(*Tabula Rogeriana*)]。它包含一个刻在重135千克（约298磅）巨大银盘上的已知世界的地图，以及解释地理信息的《云游者的娱乐》。尽管银盘地图已经遗失，但有10份《云游者的娱乐》手稿被保存了下来。在这些手稿中，一幅圆形的世界示意图被放在文字前，并伴有70幅矩形地图。这些手稿反映了穆斯林与西方交流互动的那个时期。

7世纪，先知穆罕默德启示人们开始信仰伊斯兰教，后来伊斯兰教经过拜占庭帝国向西传播。到8世纪初，地中海大部分区域都存在信仰伊斯兰教的领土。随着伊斯兰教的发展，穆斯林与基督教统治的欧洲国家通过冲突，也通过外交和贸易建立了联系。西班牙和西西里岛一样，成为穆斯林和基督教世界的重要交汇点。后来，经过1071年诺曼征服①后，伊斯兰教的影响力仍然很强。

1099年，穆罕默德·伊德里西出生于一个摩洛哥王公贵族家庭，在西班牙的科尔多瓦（12世纪著名的伊斯兰教育中心）接受教育，之后10年，他游历了法国、英国、小亚细亚和摩洛哥。1138年，当他抵达西西里岛的巴勒莫时，进入了诺曼国王罗杰二世（Roger II）的宫廷，罗杰二世命他负责一项记录“国土细节”的计划。在国王罗杰二世的统治期间，穆斯林和基督徒和睦共处，这也体现了穆罕默德·伊德里西如何将伊斯兰文化和西方思想结合并呈现在地图上。

①：发生于1066年的一场外族入侵英国的事件。是以诺曼底公爵威廉为首的法国封建主对英国的征服。

右图：穆罕默德·伊德里西在科尔多瓦接受教育，这是西班牙的一个著名伊斯兰教育中心。

穆罕默德·伊德里西最开始的工作是从古代作家和同时代旅行者的报告中收集信息。因为在7世纪时，伊斯兰军队曾席卷中东和北非，传播了大量希腊和波斯文化。因此，穆罕默德·伊德里西的作品受《地理学指南》一书影响颇深。比如，他曾仿效托勒密，将地球划分为七个纬度气候带。但他也按照伊斯兰的制图传统，用岛屿来表示陆地，并将方位南置于上方。

除了将世界划分为7个纬度带，穆罕默德·伊德里西还画了10条纵向经线，这样就划分了70个区域。它们分别代表《云游者的娱乐》中那70幅矩形地图。穆罕默德·伊德里西将纬度气候按照由南向北的顺序编号，纵向部分按由西向东的顺序编号。他根据这种模式依次描述了每种气候，并且详细介绍了在该纬度带向东旅行时能遇到的重要地理和文化特征。他还描绘了城市、山脉、河流、海洋和岛屿，以及人民、贸易商品和地区珍品。

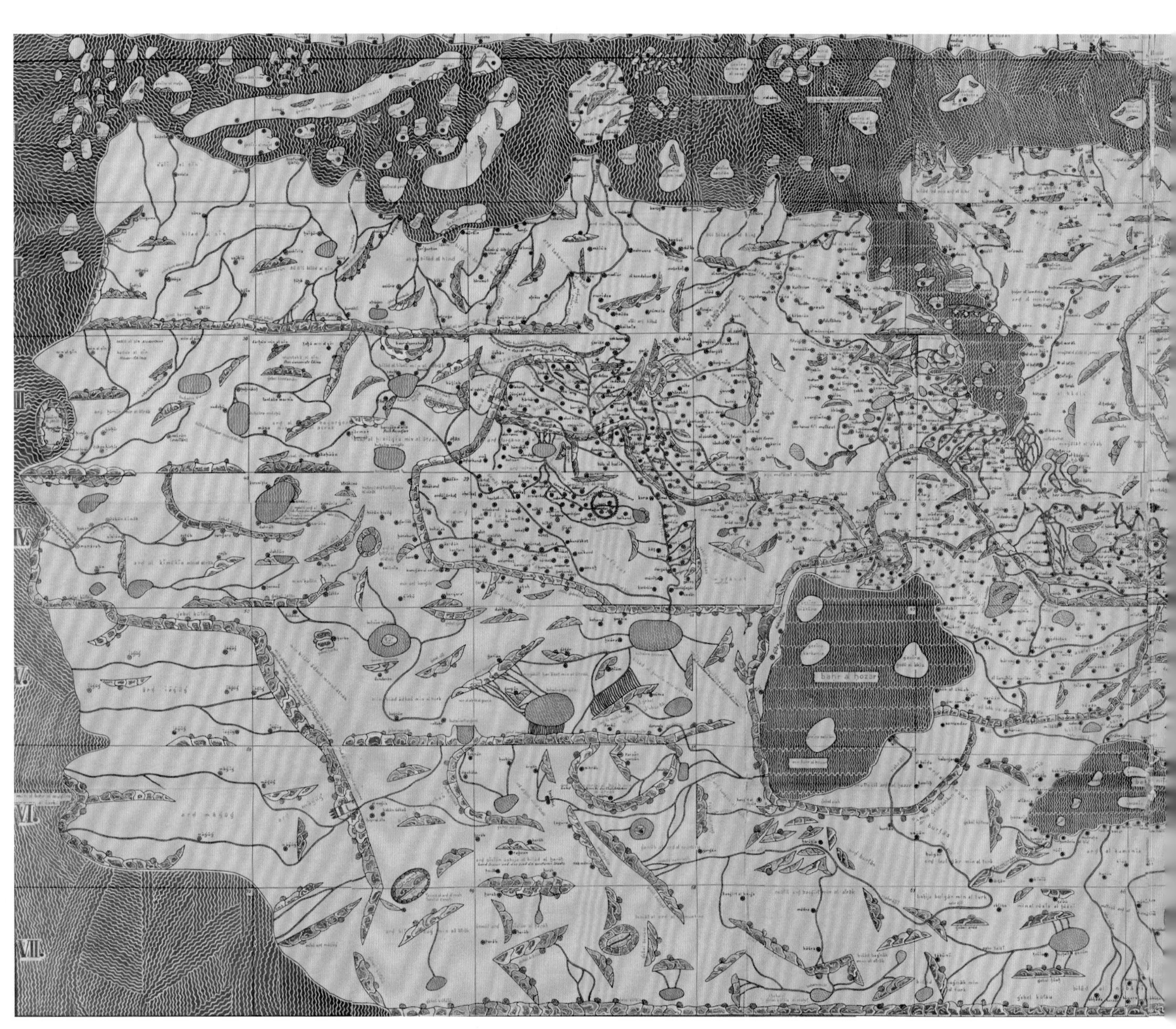

穆罕默德·伊德里西的圆形世界地图完整地展示了被海洋环绕的欧亚大陆和非洲大陆。他将非洲底部向东延伸，形成了一个包裹着印度洋南部的角状陆地。由于对南纬的了解有限，穆罕默德·伊德里西的矩形地图和文字仅包含最北端与赤道南段之间的非洲大陆北部。尽管如此，这是继托勒密著作《地理》后，标注最多地理位置的作品，穆罕默德·伊德里西用单位海里、里格、商队旅程阶段、一天航行路程和航行天数来表示距离。

1154年，在国王罗杰二世去世前不久，穆罕默德·伊德里西完成了《云游者的娱乐》。这是第一部在欧洲印刷的非宗教性阿拉伯作品（1592年在罗马印刷），1619年，此书在巴黎用拉丁文再次印刷出版。

下图：根据当时的传统，地图下方表示北部，在穆罕默德·伊德里西制作的《罗吉尔之书》中，西班牙在右侧，斯堪的纳维亚在下方，印度在上方。

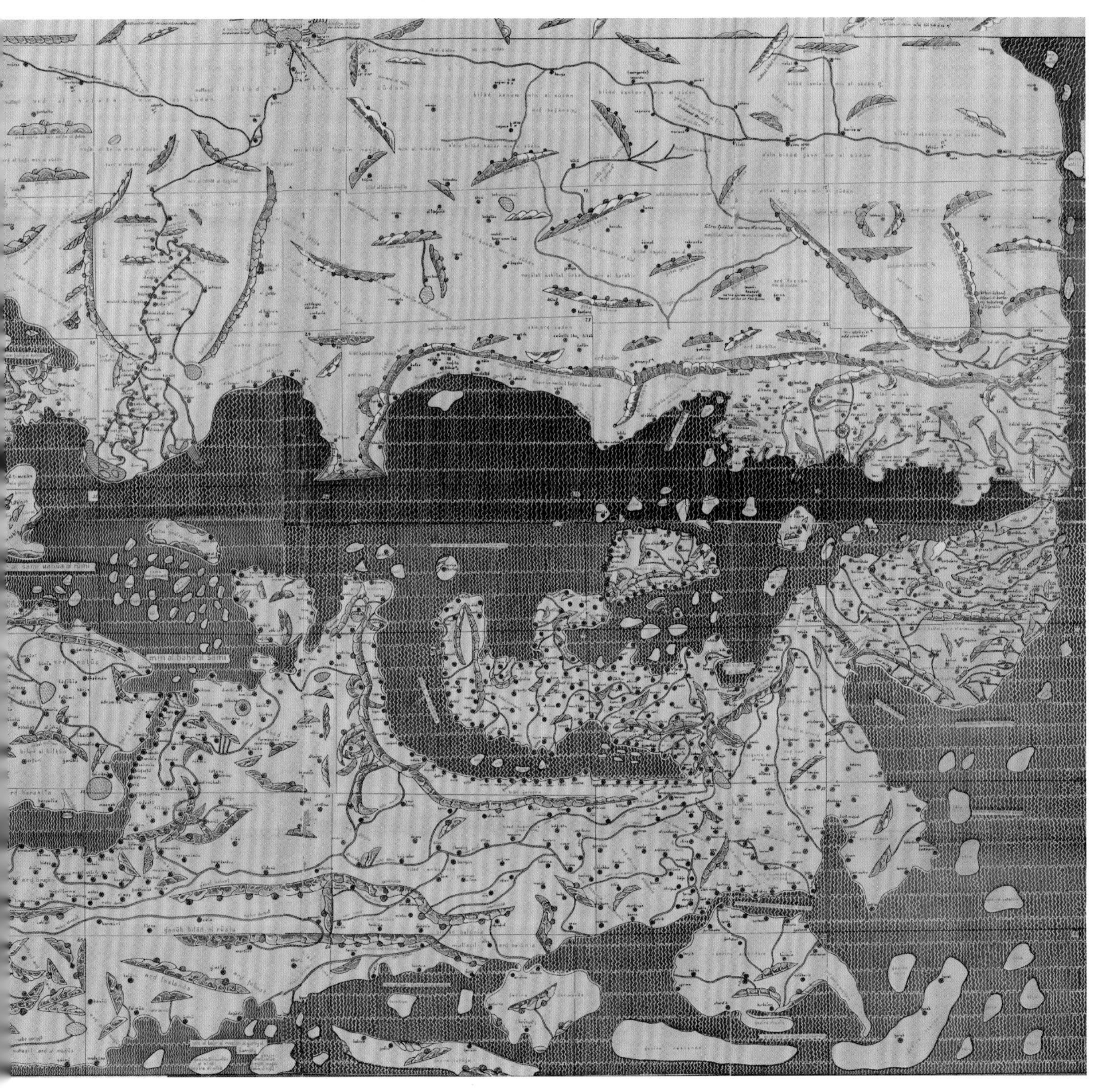

珍宝舰队展现了中国早期的航海实力

在西方，15世纪末和16世纪初的西班牙人和葡萄牙人一直被认为是国际航海探险的开拓者，事实上，中国人早在一个世纪以前就开始了意义非凡的航海活动，并且规模远超欧洲。1405年至1433年，穆斯林太监郑和曾七次率人远航，每次航行的人数大约是27000人，他从中国出发，远至非洲。有些研究人员甚至认为中国人在哥伦布之前就曾到过美洲。

在1368年明朝建立以前，中国的造船技术就在历代蒙古统治者的统治下不断发展。到了15世纪上半叶，在明朝永乐皇帝的统治下，中国的航海能力提升到了一个新水平。永乐皇帝下令建造一支庞大的远洋舰队，其中包括长约125米（约410英尺）、宽约50米（约164英尺）的“宝船”。这些船各有9根桅杆，是历史上建造的最大木船。郑和自1381年起就担任明朝的军事长官，永乐皇帝将其任命为舰队统领。

右图： 这座不朽的雕像是郑和，他曾率领一支庞大舰队，从中国远航至非洲。

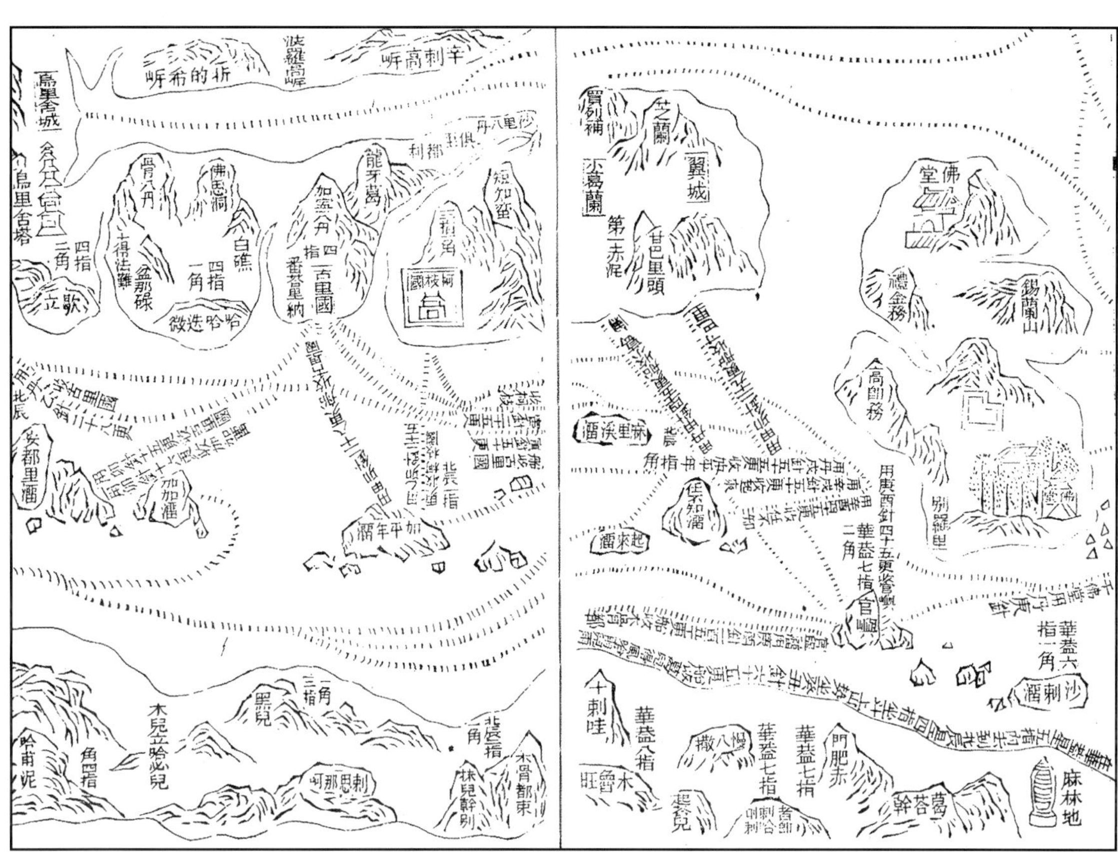

左图： 郑和编制了44张航海图，其中包含了有助于航行的地理特征、地名与航线。

最开始的三次下西洋远航发生在1405年至1411年间，从南京到占城（如今的越南南部），沿着马六甲海峡到苏门答腊岛北部，穿过印度洋到锡兰（现在的斯里兰卡），再到印度西南海岸的卡利卡特与其他港口。水手按照周期性季风安排每次航行的时间。12月至次年3月，中亚上空高压形成的寒冷、干燥的东北风有利于水手境外航行，4月至8月，来自近赤道印度洋海域的潮湿西南气流可以把水手带回家。

上图： 中国的“宝船”比当时葡萄牙人使用的远航帆船大得多。

1412年至1415年的第四次郑和下西洋远航一开始沿着与之前同样的航行路线进行，到达波斯湾的拉克代夫群岛、孟加拉和霍尔木兹海峡。这是中国人第一次航行至印度以外。第五次、第六次和第七次远航发生于1417年至1433年间，水手前往阿拉伯半岛，（至少在第五次和第六次远航中）抵达了东非海岸。这是中国人首次进军非洲大陆。除了最后一次远航的规模有所下降，郑和率领的航海舰队大约有250艘，其中60艘左右是宝船。

右图： 中国人在航行中使用了磁罗盘和星图。

右图：永乐皇帝，他认为15世纪的海上航行是展示中国力量和权力的象征。

历史学家一直在思索，为什么永乐皇帝会支持如此昂贵和炫耀的远航？虽说后来西方也派海员航行去探索新大陆，寻找像香料这种抢手商品的来源，但是中国人的航海动机似乎是为了巩固其进贡制度。该制度需要外国统治者或他国大使到中国进奉当地物品，以此表示对中国皇帝的敬意。这样做并且承认统治者的“天子”地位就能得到中国的认可以及纸币和丝绸等礼物。这些规模庞大的舰队就是为了给人留下深刻印象；然而，如果有些地方不承认进贡制度，舰队随行的军队就会在当地强制执行进贡制度。

在西方尚未开始探险和扩张的时候，中国的远洋航行展现了其财富、实力和技术水平。中国人本可以开启一个属于自己的殖民与商业扩张时代，但他们却没有这么做。相反，越来越多人反对这种奢侈的探险活动，于是，后来航行便被暂停了，与之相关的记录也被销毁了。1435年的明朝对外界越来越不关心，中国的海上势力急剧衰退。

尽管详细的探险记录已经丢失，但仍有些证据留存下来。例如，郑和与其随从在最后一次下西洋时就曾亲自撰文刻碑，刊立于江苏刘家港（今天的浏河镇），即《娄东刘家港天妃宫石刻通番事记》碑。次年春，船队驻泊长乐，郑和又立《天妃灵应之记》碑。这些碑文概括了郑和下西洋的盛举。

《娄东刘家港天妃宫石刻通番事迹记》记录下郑和的远航壮举：“观夫鲸波接天，浩浩无涯，或烟雾之溟濛，或风浪之崔嵬。海洋之状，变态无时，而我之云帆高张，昼夜星驰，非仗神功，曷能康济。”1957年5月，在南京明代宝船厂船坞遗址出土了一根超过11米长的巨型舵杆。2003年8月至2004年9月，南京市博物馆对宝船厂遗址进行了抢救性考古发掘。在进行了艰苦的考古发掘工作后，宝船厂出土了近2000件文物。2015年，与郑和下西洋有密切关联且历史更为悠久的另一处重要遗址——明代龙江船厂遗址首度被发现。永乐七年，郑和第二次下西洋时，曾停留于斯里兰卡贾夫纳，并留下《郑和布施锡兰山佛寺碑》。据传在1410年至1411年间，郑和的士兵与当地军队发生冲突并交战时，一艘宝船沉没于斯里兰卡。中国科考调查船曾在斯里兰卡海岸进行过几次搜寻，2017年，《南华早报》报道称调查取得了积极进展。然而直到现在，考古学家仍未能发现一艘完整的宝船。

下图：1431年刘家港碑刻的复制品。碑文记载了郑和等人曾带领数万政府军及100多艘海船。

多姆·恩里克为欧洲扩张奠定了基础

15世纪标志着欧洲国家海外扩张的开始，其中，葡萄牙帝国的王子多姆·恩里克（Dom Henrique of Portugal，也被称为航海家恩里克）就是一个关键人物。1394年，他出生于波尔图，是葡萄牙国王多姆·若昂一世（King Dom João I）与王后菲利帕（Queen Philippa）的第三子。1415年，多姆·恩里克与哥哥们一起占领了位于北非海岸直布罗陀海峡南部的穆斯林港口城市休达。葡萄牙之所以想要控制这个港口，是因为运输黄金的商队经由这里穿越撒哈拉沙漠，大量黄金被聚集于此。另外，掌握这个地方的控制权能让基督教的福音船更容易地通过直布罗陀海峡。

随着休达成为葡萄牙的一块飞地，欧洲在非洲大陆也拿下了第一个据点。多姆·恩里克意识到此举为进一步的殖民化进程提供了机会：对基督教来说，能够扩大对当时定居于非洲西北部、伊比利亚半岛、西西里岛、撒丁岛、科西嘉岛和马耳他的穆斯林的影响；对葡萄牙来说，这有利于

左图： 图中所示为多姆·恩里克，他提倡扩大基督教徒在非洲的影响力，拦截由穆斯林控制的陆上贸易线。

截断向北甚至更远的向南陆上贸易路线，对于加强帝国的商业地位颇为有益。并且，在非洲拥有更多殖民地也有助于证明葡萄牙在控制休达方面的花费是值得的。

上图：这幅由葡萄牙画家乔治·科拉索（Jorge Colaço）创作的瓷砖画展现了多姆·恩里克在休达之战中的场景。

相比于自己亲自探险，多姆·恩里克更鼓励年轻的随从们去探险，他们沿北非海岸向南，经过诺恩角（摩洛哥南部），并继续绕过博哈多尔角（位于西撒哈拉）航行，这些就是最初航行的主要成就。从前，葡萄牙海员一看到茫茫海水，就觉得无比凶险，因而心生惧怕，后来他们克服了这种心理障碍，很快就向遥远的南部航行。

1442年，海员已经到达毛里塔尼亚，两年后到达塞内加尔，当他们航行至塞内加尔与冈比亚河水相交的地方时，多姆·恩里克鼓励探险队员沿着航行路线向内陆探索。在这个过程中，有两个人让葡萄牙人看到了西非内陆的面貌，一个是热亚那商人安东尼奥托·乌索迪马雷（Antoniotto Usodimare），另一个是威尼斯航海家阿尔维塞·卡达莫斯托（Alvide da Ca'da Mosto），阿尔维塞·卡达莫斯托记录的大多是航行中遇到的自然历史与人文现象。多姆·恩里克开始意识到非洲幅员辽阔、资源储备丰富，于是他劝说教皇发布官方法令，宣布西非海岸的大片区域归葡萄牙所有。如若不接受将被逐出罗马天主教教会。

看到西非有巨大的殖民和商业潜力后，多姆·恩里克非常迫切地想要确立葡萄牙在大西洋的地位。虽然葡萄牙试图取代西班牙在加纳利群岛地位的尝试没有成功，但多姆·恩里克在有生之年看到了葡萄牙宣布在马德拉半岛、亚速尔、佛得角群岛的主权。多姆·恩里克除了投资后来广受欢迎的甘蔗，还在跨大西洋奴隶贸易

对页图： 16世纪的波特兰海图上标示了欧洲大西洋海岸与西非的航海信息（参见第71页内容“波特兰海图助力海员航行”）。

下图： 14世纪至16世纪期间，商人们使用这种葡萄牙大帆船进行远洋航行。

EMESTAPLANA
Escosia
ingala terra
frança
italia
bordeos
portugal
castella
secilia
tunis
Os Ilhas terceiras
As canarias
Africa
mina
Reino de benins

上图： 上图所示为多姆·恩里克发展跨大西洋奴隶贸易的场景，该贸易开始于1444年。

中扮演重要角色。奴隶贸易开始于1444年，欧洲人到达西非后带走了当地235个人，这些人在葡萄牙一个叫拉各斯的城镇被贩卖。随后的4个世纪里，成千上万的非洲人被葡萄牙人贩卖为奴。

1460年，多姆·恩里克去世，至此，葡萄牙海员已经沿非洲海岸向南到达了塞拉利昂。多姆·恩里克在世的时候，人们就很赞赏他在非洲大西洋的探险成就。然而，文艺复兴时期，一些学者过度吹捧他的历史地位，宣称他在葡萄牙萨格里斯建立了一所航海学校，并且在地理、天文、船只建造和科学教育领域做出了巨大贡献。尽管这些说法与事实不符，但多姆·恩里克仍获“航海家亨利”这一称号。

后来，虽然历史学家澄清了事实，但他们在一定程度上弱化了恩里克在葡萄牙海外扩张中的作用。事实上，在他的君主兄弟多姆·杜阿尔特（Dom Duarte，1433年至1438年间的国王）和多姆·佩德罗（Dom Pedro，1439年至1448年间的摄政王）的支持下，恩里克推动了葡萄牙早期的探险和殖民统治，大大提高了欧洲人对地球海洋领域的了解。这些都促进了未来葡萄牙穿越赤道、绕过非洲南端的好望角，并航行到亚洲的探险发展。这亦为建立历史上规模最大、持续时间最长的帝国奠定了基础。

葡萄牙的探险有助于促进航海的发展

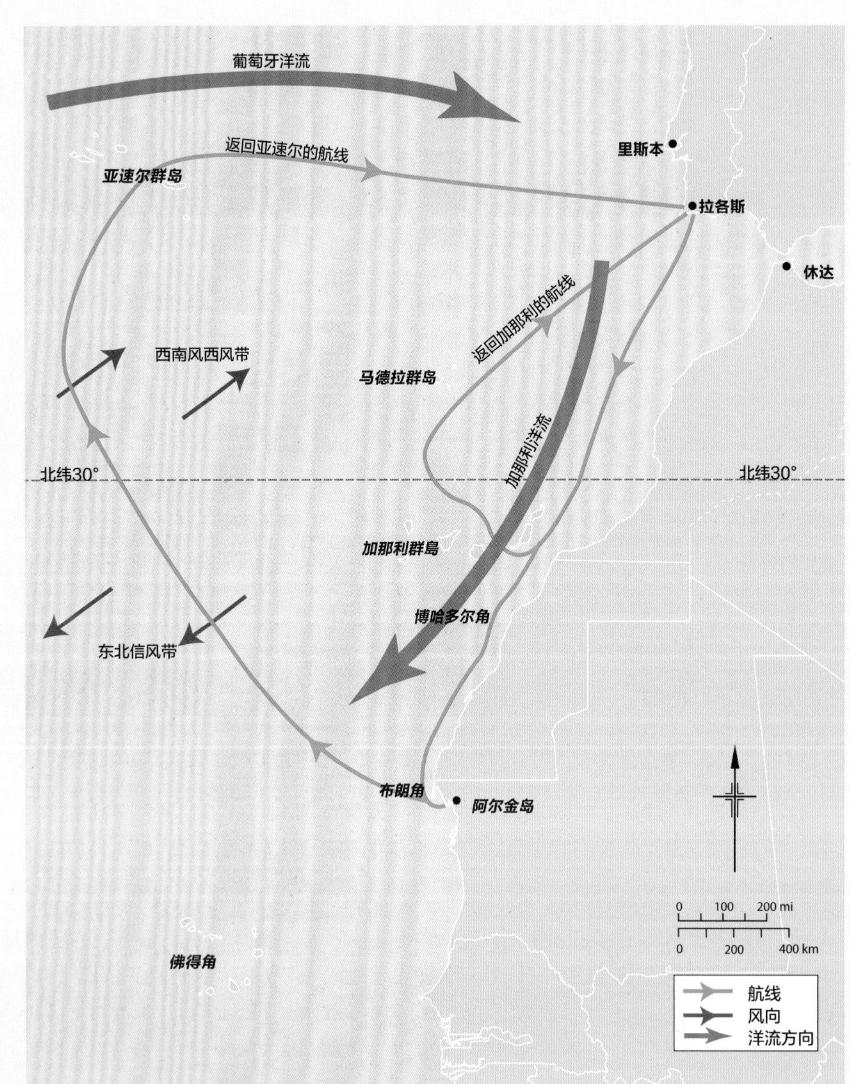

虽然多姆·恩里克曾经营一所航海学校的说法并非事实，但在他那个时代，葡萄牙在航海领域的确取得了进步。15世纪中叶，葡萄牙海员利用“转海”向南沿西非海岸航行并成功返回。这是一个航行策略，可以利用西南方向的加纳利海流、东北信风、西南方向的西风以及东南方向的葡萄牙海流。

1451年，一批熟悉星象和两极的天文学家首次对海洋科学观察进行了记录，当时，这些天文学家正陪同埃莉诺（Eleanor），也就是葡萄牙国王阿方索五世（King Afonso V）的妹妹前往意大利。后来在1460年左右，多姆·恩里克的探险家兼仆人迪奥戈·迪亚士（Diogo Gomes）制作了首个用于海上航行的参考工具，据他记录：“我去那些地方的时候带了一个象限仪，在象限仪的板上记录了北极的高度。”

象限仪，由一个带有刻度的四分之一圆规和一个瞄准机制（由标尺和望远镜组成）构成，测量角度高达90度。它从星盘（古希腊和早期伊斯兰学者用于识别天体和计算纬度的工具）发展而来，早期水手就是利用象限仪测量北极星高于地平线的高度，从而计算纬度。多姆·恩里克时代结束后，北半球的水手在赤道以南航行时，无法看到北极星。于是他们就测量某个特定时间太阳在地平线以上的高度，从而计算纬度。

右图：象限仪，早期海员使用的航海工具。

欧洲人向西寻找香料，发现了新世界

在多姆·恩里克的指导下，葡萄牙海员提高了对欧洲的认识，但是直到15世纪下半叶，西方人对全球地理的认识仍非常不足。虽然学者们逐渐开始接受地球是球形的观点，但很是多人认为欧亚大陆是世界上唯一的大陆，连接着大西洋。海洋的范围和性质也被人们大大忽略。虽然当时的地图正确标注了像亚速尔这样的岛屿，但一些不存在的大陆在当时也被标记在地图上。

1291年，来自热亚那的维瓦尔第（Vivaldi）兄弟首次尝试寻找从欧洲去往亚洲的海上路线，他们穿越直布罗陀海峡，想绕过非洲到达印度，但是迷路了。这次航行的目的是寻找外来的香料，在那个时候，穆斯林商人把香料带到欧洲，使得香料盛极欧洲、广受欢迎。但它们在欧洲海岸的售卖价格非常高，如果能知道香料的来源，欧洲人就会以更便宜的价格得到它们，并且能打破穆斯林的贸易垄断。

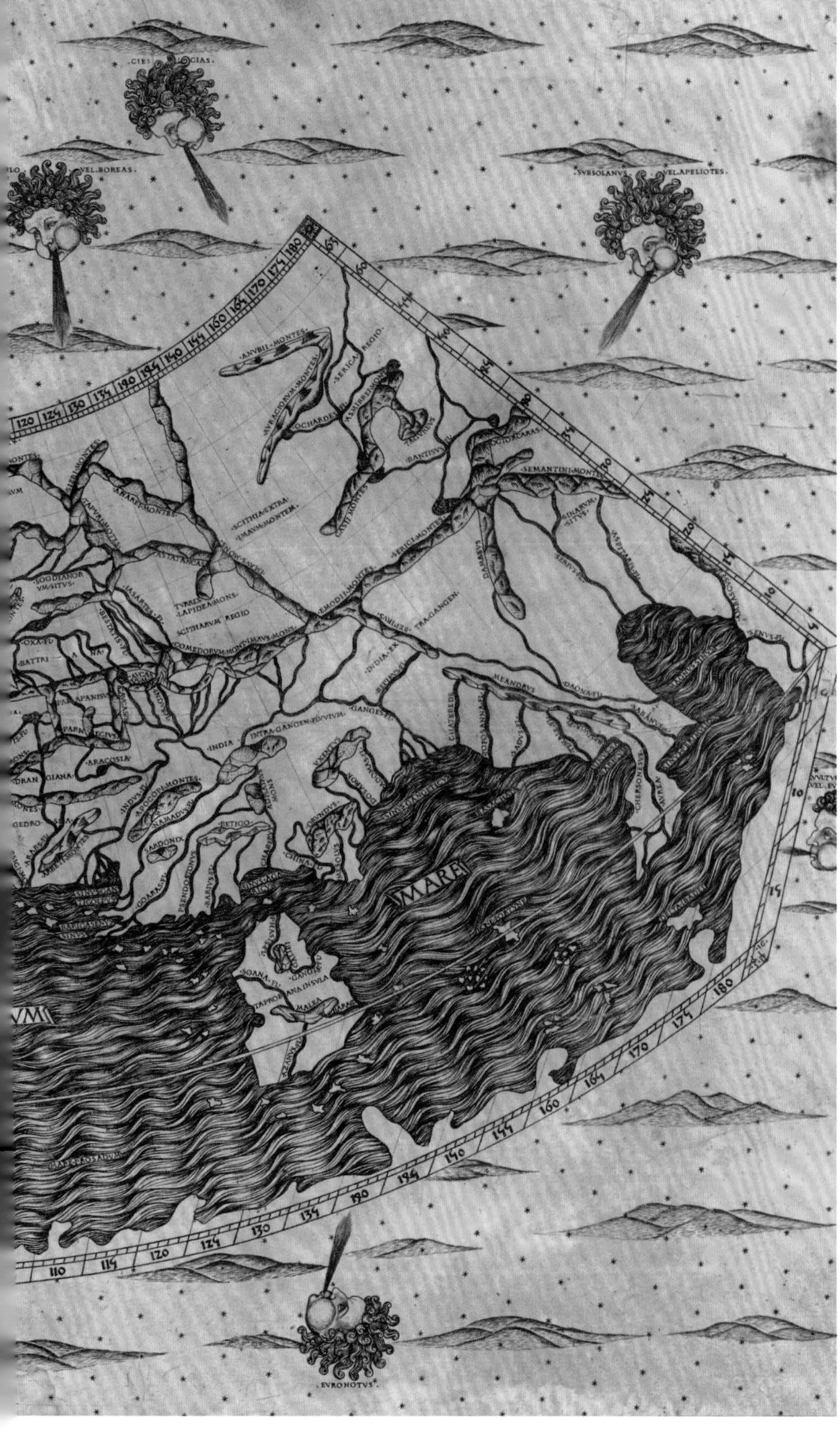

上图： 克里斯托弗·哥伦布认为向西航行能到达亚洲。

左图： 该地图是1474年塔迪奥·克里维利（Taddeo Crivelli）制作的世界地图，那时，大部分学者认为欧亚大陆是地球上唯一的大陆，连接着大西洋两端。

目前尚不清楚热那亚船长克里斯多夫·科伦坡，也就是现在被人熟知的克里斯托弗·哥伦布，是在何时决定朝着与维瓦尔第兄弟相反的方向航行以试图抵达亚洲。他可能受保罗·达尔·波佐·托斯卡内利（Paolo dal Pozzo Toscanelli）的影响，托斯卡内利是意大利佛罗伦萨大名鼎鼎的内科医生和宇宙学家（当时亦称宇宙志学者，泛指研究宇宙的科学家）。1474年，他给费南奥·马丁斯·德·雷里兹（Fernão Martins de Reriz）写了一封信，信中谈到了从欧洲出发向西抵达香料发源地东方的可行性。据他估计，从加那利群岛到日本的距离为7200千米（约4475英里），从日本到中国的距离为3200千米（约1988英里）。而如今我们已经知道，从加那利群岛到日本的实际距离是17000千米（约10565英里），所以他大大低估了大西洋的宽度，也低估了航行的潜在距离。

右图： 此图为15世纪保罗·达尔·波佐·托斯卡内利绘制的世界地图。这位内科医生兼宇宙学家低估了大西洋的宽度。此外，他可能在一定程度上影响了哥伦布选择向西而非向东航行至亚洲的决定。

尽管一些学者持怀疑态度，但人们认为哥伦布与托斯卡内利之间曾有通信往来。很有可能哥伦布参考了托斯卡内利对世界的描述，并结合当时的宇宙与地理思想，决定了向西航行至亚洲。事实上，哥伦布曾在西非和爱尔兰海岸多次航行，因此，他有资格进行此次航海尝试。其次，在15世纪后期，航海的进步、船舵设计、指南针导航、三角函数表、航海图以及航海手册的发展都大大提高了跨洋航行的安全性。

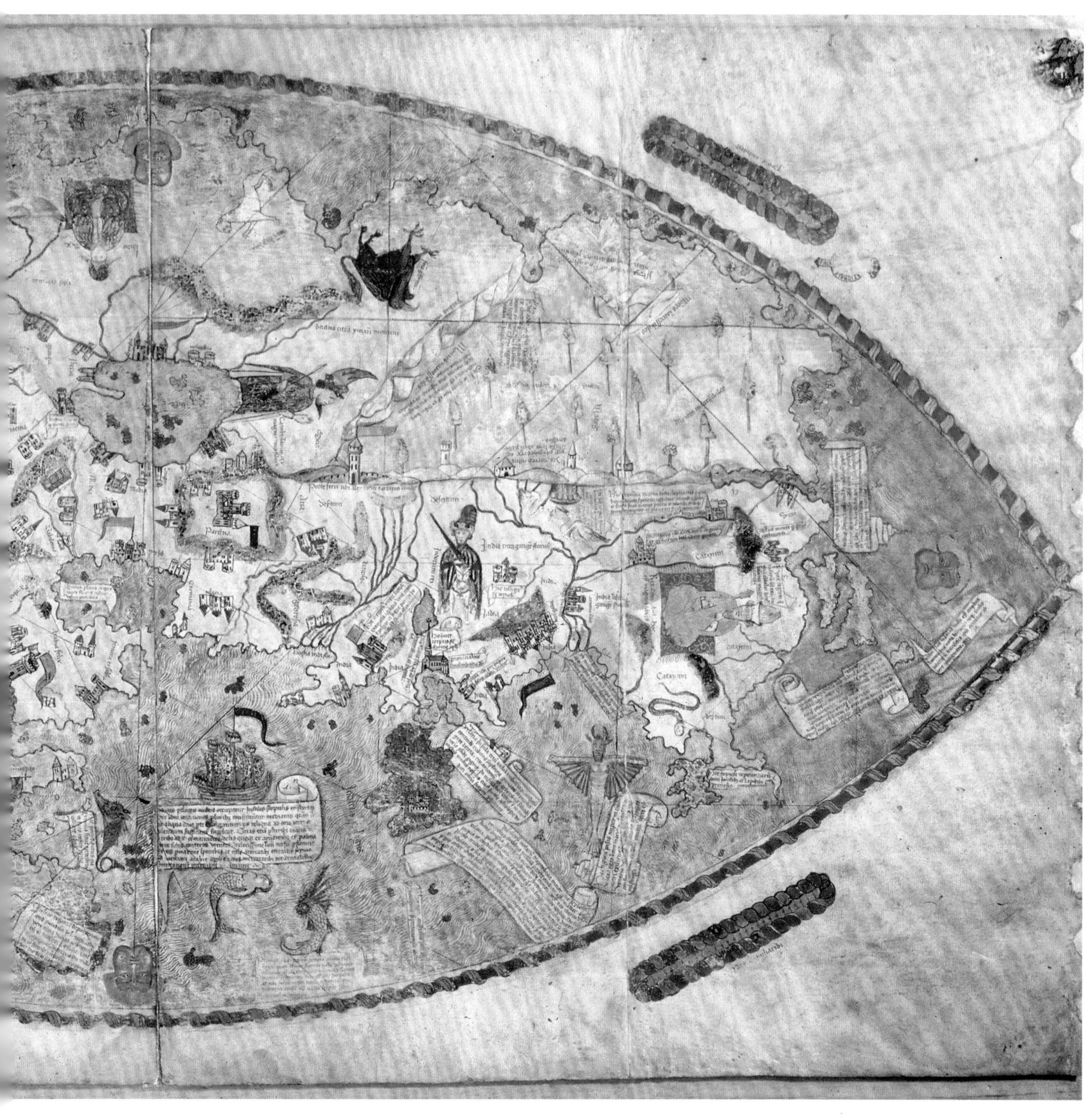

被葡萄牙、英国和法国君主拒绝后，哥伦布向卡斯蒂利亚王国女王伊莎贝拉一世和其夫阿拉贡国王费尔南多二世寻求帮助，希望他们可以支持自己向西的航海探险。虽然当时有专家小组认为大西洋远远比数学家托斯卡内利预计的要宽而反对该旅行，但君主们最终还是同意资助此次探险。1492年8月，哥伦布率领3艘船舰——圣马利亚号（Santa María）以及两艘相对较小的帆船平塔号（Pinta）和尼娜号（Niña），带领96名船员，从西班牙西南部的帕洛斯-德拉弗龙特拉出发，在向西航行之前先抵达加纳利群岛。2个月后，他的船员发现了巴哈马群岛中的一个小岛。

下图： 船舰圣马利亚号，克里斯托弗·哥伦布乘此船探索加勒比海域，并认为海上的岛屿属于亚洲。

哥伦布详细记录了此次航行，他认为自己到达的是一个离日本很近的岛屿，也就是现在的亚洲。他把该地称为印度群岛，把这里的人称为印第安人。他在1492年10月一篇日记中说明了自己的打算：

> 我将从此地起航前往另一个大岛，我认为就是西潘哥岛（Cipango，即日本国），根据船上印第安人的说法，他们将其叫作“寇芭岛”（Island Colba），那里有很多大船和水手。另一个他们称为“波西亚岛”（Bosio），据说这个岛也很大，航行还会经过其他岛屿，我将在航行途中逐一确认，根据发现金子和香料的丰富程度决定下一步动作；无论如何，我决心前往大陆，并访问吉赛城（the city of Guisay），我将把您的信交给大汗并带着他的答复返回。

上图：19世纪有关哥伦布到达美洲的图画描述。

然而此次探险并未到达日本和亚洲大陆，事实上，哥伦布和他的船员在最初到达巴哈马群岛后横穿了古巴与伊斯帕尼奥拉岛（如今已分为多米尼加共和国与海地共和国）的北海岸。1492年12月，圣马利亚号船舰在伊斯帕尼奥拉岛附近遇难，哥伦布登上尼娜号，并将39名船员留在此地开始殖民活动。1493年，哥伦布回到了家里，获得奖金与“海洋舰队司令”和“印度总督”的称号。

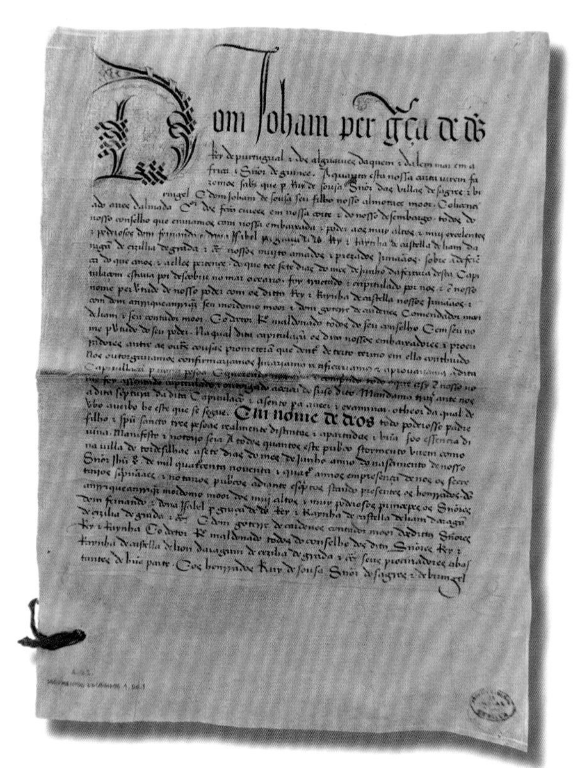

听闻哥伦布的经历，西班牙马上开始寻求这个新领域的主权。1494年，西班牙和葡萄牙签订《托德西利亚斯条约》①，将两国间的世界进行划分。佛得角群岛以西、南北两极间1910千米（约1185英里）的土地归西班牙所有，以东归葡萄牙所有。在1493年至1504年间，哥伦布又进行了三次航海活动，探索了古巴的南部海岸（他将古巴描述为中国大陆的一个半岛）、调查

①：《托德西利亚斯条约》（*The Treaty of Tordesillas*），该条约是地理大发现时代早期，两大航海强国西班牙帝国和葡萄牙帝国于1494年6月7日在西班牙卡斯蒂利亚的小镇托德西利亚斯签订的一份旨在瓜分新世界的协议。

右图：《托德西利亚斯条约》，1494年，该条约划分了西班牙和葡萄牙之间的世界。

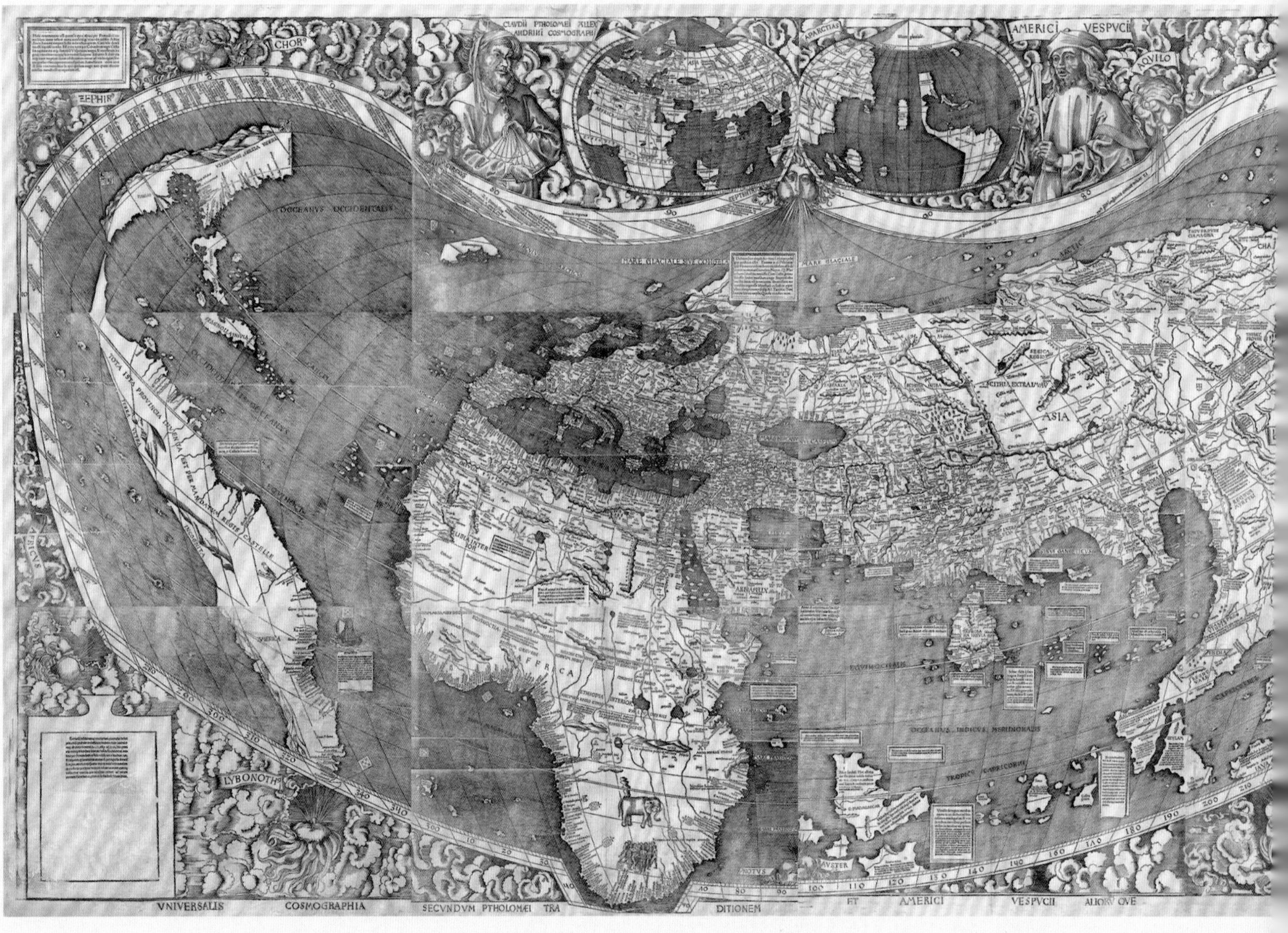

了特立尼达和委内瑞拉（他认为后者属于一个广阔大陆），并穿越了洪都拉斯、尼加拉瓜和巴拿马地峡的海岸。

受飓风、农作物歉收、疾病与冲突等因素影响，哥伦布早期殖民新大陆的尝试屡遭失败。然而，到1506年哥伦布去世的时候，已有6000多名西班牙人移民至“新世界”，很快，欧洲人推翻了当地阿兹特克帝国与印加帝国的统治并积累了财富。从此之后，西班牙加快了殖民步伐。因为被征服、疾病以及受虐待的原因，新世界地区的原住民居民数量减少了90%。

上图：“美洲”这个名字很可能来源于图中的亚美利哥·韦斯普奇（Amerigo Vespucci）的名字，他被误认为是第一个到达“新世界”的探险家。

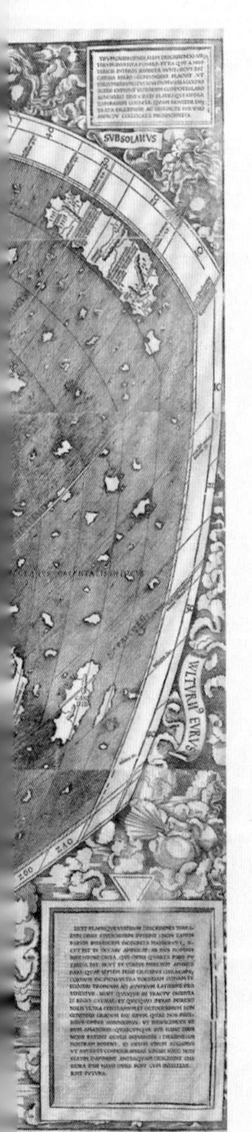

美洲的名字由来

1507年，德国制图师马丁·瓦尔德泽米勒（Martin Waldseemüller）绘制了第一幅标有哥伦布曾到达的海岸线的地图，并将“美洲”一词引入使用。瓦尔德泽米勒的地图是一幅长方形的挂图，上下各有12个用来固定的三角形，可以将地图粘在球体上，变成一个地球仪。

这张地图不仅是360度的世界全景图，而且把新大陆的北部和南部表示为两个独立的大陆，并勾勒出了麦哲伦（Magellan）在未来将会穿越的海洋轮廓。然而，瓦尔德泽米勒为何将海洋放置在大陆的西侧这个问题尚不清楚。

为什么叫美洲？

在瓦尔德泽米勒的地图尚未出版的几年前，阿梅里戈·韦斯普奇曾到过这个新大陆，他是一名银行家和探险家，也是哥伦布的密友。他对后来新大陆的探索做出了巨大贡献，也被误认为是发现这片大陆的人。

据说，瓦尔德泽米勒曾读过一篇关于韦斯普奇的报道，后来就在1507年绘制此图时把阿梅里戈这个名字标在了上面，当时他还不知道第一个到达这个新领域的是哥伦布。地图出版6年后，他把这个名字撤回，但为时已晚，人们已经习惯用该名指代北美了。

另一种说法是，“美洲”是他向布里斯托尔的海关官员理查德·阿梅里克（Richard Amerike）致敬。1497年至1499年期间，北美海岸的探险家约翰·卡博特（John Cabot）就是因为阿梅里克的帮助才拿到退休金。据说卡博特提起过这个名字，瓦尔德泽米勒就误将其与韦斯普奇联系在一起。然而，这个说法还没有证据证实。

左图：马丁·瓦尔德泽米勒在1507年绘制的地图，这是首幅将该地命名为美洲的地图。

上图：图中描绘的是瓦斯科·达·伽马，在1497年至1498年间，他率领船队首次从欧洲到达亚洲。

孕育了一个帝国的开拓性海洋之旅

哥伦布登陆巴哈马群岛5年后，葡萄牙国王曼努埃尔一世（Manuel I）派遣葡萄牙探险家瓦斯科·达·伽马（Vasco da Gama）沿着巴尔托洛梅乌·迪亚士（Bartolomeu Dias，1487年带领船队航行至非洲大陆最南端并发现好望角）绕非洲的航行路线探索，寻找一条向东到达亚洲的路线（1488年，迪亚士成为第一个到达非洲南端的航海者）。这个时候西班牙正在探索“新世界”。当时没有人可以确定这是一个新大陆。葡萄牙希望发展与亚洲的直接贸易联系，尤

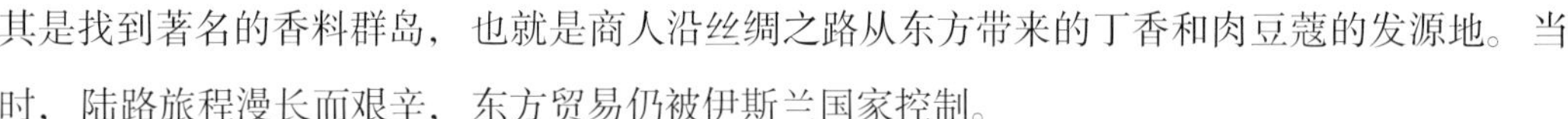

其是找到著名的香料群岛，也就是商人沿丝绸之路从东方带来的丁香和肉豆蔻的发源地。当时，陆路旅程漫长而艰辛，东方贸易仍被伊斯兰国家控制。

1497年7月，达·伽马率领船舰圣加布里埃尔号（São Gabriel）及另外3艘船从里斯本起航。他们先沿非洲西海岸顺着盛行风往西南方向航行到达佛得角群岛。随后驶入大西洋，如果沿着海岸航行，强风和洋流势必会阻碍前进。在大洋里航行了3个月后，船队向东转向好望角。当可以看到非洲的时候，这些船只距离开普敦北部只有一度（112千米/70英里）的距离。船只从此地开始沿非洲东海岸蜿蜒行进，与来自莫桑比克的穆斯林相遇。

到达肯尼亚后，达·伽马转向东北，穿越印度洋。此次航行过程中，海员使用天文表、星盘和象限仪进行导航，此外还有一名了解季风的领航员随行，1498年5月，他们到达印度

上图：1497年，瓦斯科·达·伽马从里斯本出发，前往印度。

左图： 潜水员正在调查埃斯梅拉达号的残骸，1502—1503年，达·伽马曾乘此船二度前往印度。

下图： 印度的卡利卡特港口，位于达·伽马登陆的陆地附近。

西海岸的卡利克特附近，达·伽马成功找到了绕过伊斯兰国家将香料进口到欧洲的方法，他与卡利克特的统治者萨穆蒂里·马纳维克拉曼·拉贾（Samutiri Manavikraman Rajá）进行了贸易谈判。虽然因为文化差异以及首领不满欧洲的礼物的原因，达·伽马一行人未受到热情款待，但他最终还是与该地的首领达成了一份书面贸易协议。达·伽马离家两年多后回到葡萄牙，他此次航行了27000千米（约16780英里）。

此次航行的成功让达·伽马收获了头衔和养老金。虽然这次航行致使一艘船损毁并造成了93人丧生，但通过此次航行，达·伽马为葡萄牙在香料贸易中获得控制权铺平了道路。此后10年里，葡萄牙人对印度的港口、季风、航海特点和交通要道进行了充分的了解，帮助葡萄牙探险家弗朗西斯科·德·阿尔梅达（Francisco de Almeida）和海军司令阿方索·德·阿尔布克尔克（Afonso de

Albuquerque）建立了一个典型的海上帝国。葡萄牙在印度洋周围的战略要地建立了防御基地，从此，葡萄牙就成为埃及和中国之间长途贸易线上的关键枢纽。1512年，葡萄牙人到达摩鹿加群岛[①]，也就是人们梦寐以求的丁香与肉豆蔻的发源地。

1998年，人们在阿曼地区发现了达·伽马在1502年至1503年第二次前往印度时乘坐的船只的残骸。2013年至2015年，人们在挖掘工作中发现了船钟和一种叫作“印第奥”（Indio）的葡萄牙硬币，该硬币曾用于和印度的商品贸易，还发现了石头炮弹。炮弹上的刻字是达·伽马的舅舅维森特·索德雷（Vicente Sodré）的首字母。通过这个线索，考古学家也确定了这艘船就是埃斯梅拉达号（Esmeralda），维森特曾率领的五艘船之一。2017年，沃里克大学的科学家用激光扫描技术对两个铜盘上的刻度标记进行识别后发现这两个铜盘是导航星盘的一部分。

这艘沉船是人类发现并挖掘出的第一艘属于大航海时代（Age of Exploration）的船只。维森特和他的兄弟布拉斯（Bras）与达·伽马分开后，率领4艘船只沿印度西南海岸进行巡逻，其中就有埃斯梅拉达号，他们的任务是到亚丁湾捕获、抢劫和焚烧阿拉伯独木舟。他们在阿曼东南海岸外的阿尔哈兰尼亚岛（Al-Hallaniyah Island）避难时，因无法抵抗风暴，包括埃斯梅拉达号在内的两艘船沉没于茫茫大海。所有船员包括维森特在内全部丧生于此。

首次环球航行让人们见识到了太平洋的广阔

当探险家费南多·德·麦哲伦（Fernão de Magalhães）首次离开西班牙开始环球航行时，西班牙和葡萄牙正在争夺“香料群岛”的主权。那时，人们不知道太平洋的宽度，认为从墨西哥出发，向西航行几天就能到摩鹿加群岛。葡萄牙人认为根据《托德西利亚斯条约》，这个群岛属于葡萄牙，而西班牙则认为它们属于西班牙。当时，殖民者们还没有意识到欧洲以外的国家可能拥有这些地方。

麦哲伦是葡萄牙的航海家，他有7年航海经验，曾参与本国在马来西亚攻占马六甲的行动，他认为马六甲群岛远比大多数人想象中的要远，可能位于西班牙世界的另外那半边。麦哲伦曾向葡萄牙国王曼努埃尔一世请求资助探险，但葡萄牙国王不感兴趣，于是他转向西班牙寻求帮助。

1519年9月，在西班牙国王卡洛斯一世（King Charles I，后来成为罗马帝国皇帝查理五世）的支持下，麦哲伦率领5艘船和大约270名船员，从桑卢卡尔-德巴拉梅达（西班牙安达卢西亚自治区加的斯省的一个市镇和港口）出发，这次航行的计划是跟随哥伦布的足迹，寻找一条往西到达东方的路线。所以，船只航行到加那利群岛，然后向西南沿非洲海岸航行，穿越大西洋，绕过南美洲的东海岸。

此次探险遇到的主要挑战是，欧洲没有人知道美洲大陆的终点在何处，甚至不知道它是否有终点。船队向南航行时探索了许多入口和海湾，希望能找到一条能穿越美洲大陆的线路。最终，他们找到了如今被称为麦哲伦海峡的航道。威尼斯学者兼航海家安东尼奥·皮加费塔（Antonio Pigafetta，

①：有时也会被称为“东印度群岛”，中国和欧洲传统上称为香料群岛者，多指这个群岛。

上图： 在麦哲伦领导的5艘船中，只有维多利亚号完成了环球航行。

麦哲伦环球航行幸存下来的18人之一）在《第一次环游世界的航行报告》（*Report on the First Voyage Around the World*，1874年首次出版）中记述了两艘探险船的发现：

但航行至海湾尽头时，他们以为迷路了，这时突然发现一个小开口，但那却不是一个开口，而是一个急转弯。于是他们孤注一掷，向里驶入，就这样非常意外地发现了海峡。原来这不是一个急转弯，而是一个与陆地相连的海峡，他们继续前进，发现了一个海湾，接着又发现了更大的海峡和海湾。他们欢欣雀跃，立刻返回报告船长。

1520年11月，当麦哲伦离开海峡时，许多人已经因维生素C缺乏病（败血症，因为4个月都无法吃到新鲜食物）而死，只剩下3艘船。探险队以最少的补给继续向西航行，意外遇上有利的海流，1521年3月，海员终于发现了陆地，也就是现在的菲律宾，但在横渡太平洋的途中，很多船员牺牲了。不久，麦哲伦也在与麦克坦岛当地人的小冲突中丧生。剩下的船员太少，无法驾驶3艘船，康塞普西翁号在菲律宾被击沉，于是胡安·塞巴斯蒂安·德埃尔

下图： 1545年的地图，显示了麦哲伦的环球航行路线。

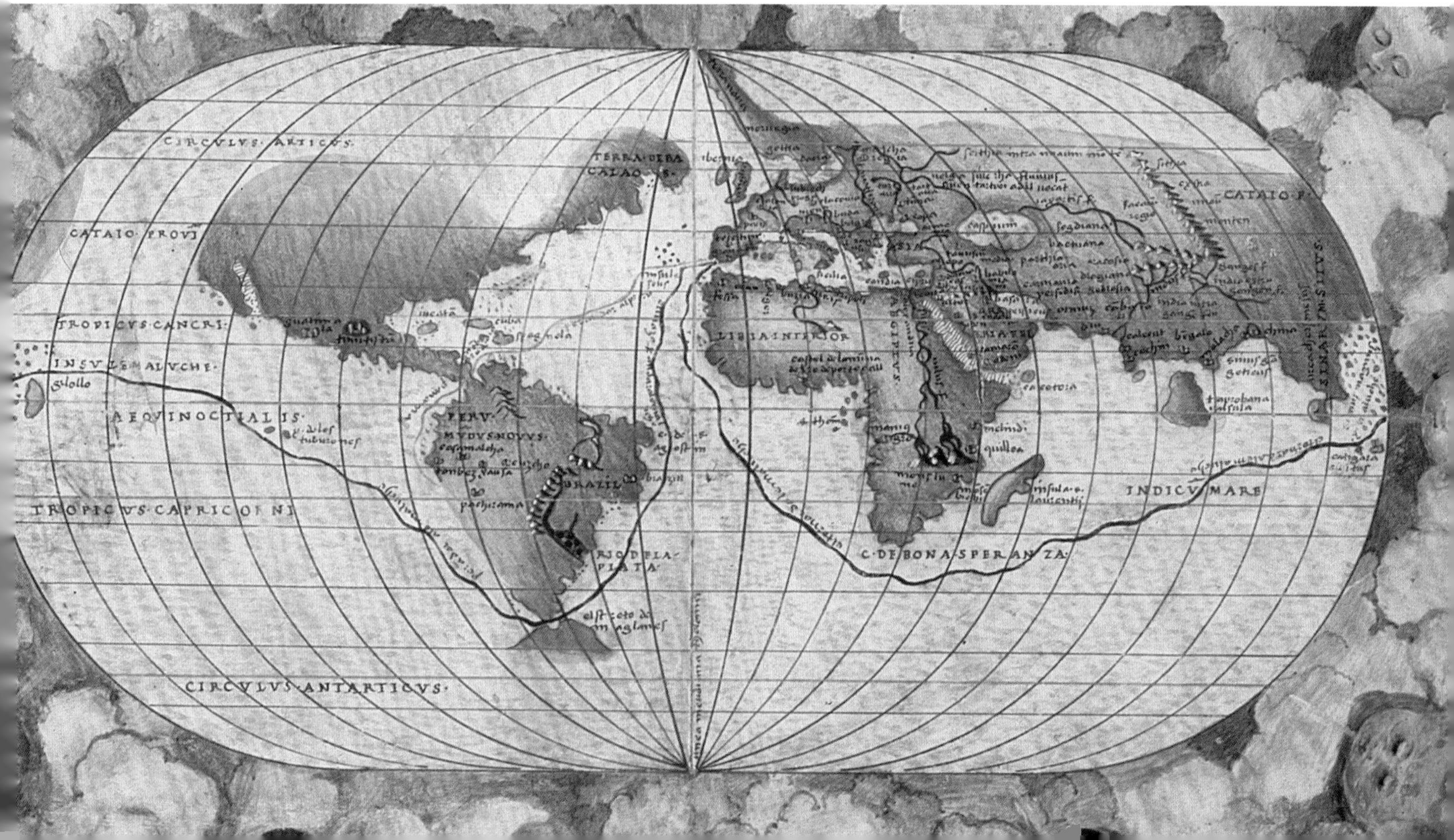

上图： 1573年亚伯拉罕·奥特柳斯绘制的地图展示了广袤的南部大陆，图中写有“未知的南方大陆”（目前未知）的字样。

未知的南方大陆

古希腊地理学家一直想知道南方是否有一个大陆对跖点①。17世纪，这个想法在欧洲被彻底证实，而这片传说中的土地就被称为“未知的南方大陆”（Terra Australis）。麦哲伦并没有证明麦哲伦海峡［火地群岛（Tierra del Fuego），南美洲南端的岛群］以南的陆地由岛屿组成，当时，宇宙学家一直认为，麦哲伦海峡就是那个未知的南方大陆。

①：为地理学与几何学上的名词。球面上任一点与球心的连线会交球面于另一点，亦即位于球体直径两端的点，这两点互称为对跖点。

卡诺（Juan Sebastián de Elcano）和冈萨洛·戈梅斯·德埃斯皮诺萨（Gonzalo Gómez de Espinosa）开始负责剩下的2艘船。

特立尼达号（Trinidad）和维多利亚号（Victoria）继续前进，在寻找摩鹿加群岛途中发现了许多岛屿。麦哲伦从东方买下的马来族奴隶最后被带回西班牙，他这次航行中的角色是翻译，因为他能听懂当地的语言，并且能认出位于摩鹿加群岛中的特尔纳特岛和蒂多雷岛。最后，他回到了麦哲伦带他离开的地方，很可能，他就是第一个成功环游世界的人。

指南针的发明使海上航行更加安全

神奇的指南针如何被用于海上航行？这是个复杂的故事。13世纪初，意大利的阿马尔菲（Amalfi）声称自己发明了第一个可供海员在航海时使用的指南针。其实就是把一根磁力针放在盒子里，盒中还有一张被分成几部分的卡片以及一张季风环流图。然而事实上，最先发明指南针的是中国人，其历史可追溯至1040年，最初的指南针的结构非常简单，就是一根指明地球南北的磁力针。

那么这个来自中国的发明是通过什么方式，又是在什么时候传入欧洲的？欧洲人是否曾独自发明过此物？这些问题都没有确切的答案。然而，我们已经知道的是，在12世纪下半叶，西方人开始使用指南针。1187年，英国奥古斯丁僧侣亚历山大·内卡姆（Alexander Neckam）在其书《自然》（*De Naturis Rerum*）中曾写道：

> 海员在海上航行时，遇到多云天气的时候，无法借助太阳光来判断方向，还有当夜幕降临、被黑夜笼罩之时，他们也无法辨别船的航行方向，于是他们就触碰磁力针，指针开始转圈，转动停止时，指针所指的方向就是北方。

对早期水手而言，如果在海上迷路，他们面临的危险将不堪设想，天气恶劣时，他们看不到陆地就很容易迷失方向。也是因为这个原因，只有夏天才进行航海活动。但自从14世纪早期开始，地中海海域的水手开始使用磁罗盘，从此，水手就能准确地确定航行方向，并且全年都可以进行航海活动。贸易也因航海活动的增加而得以发展，例如威尼斯这样的一些意大利城邦渐渐繁荣起来。

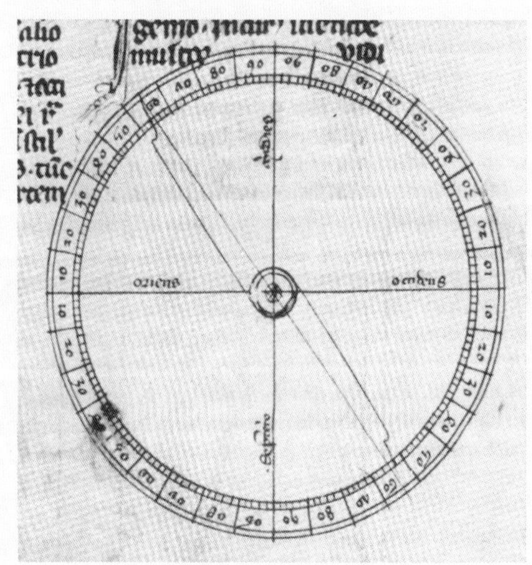

右图： 中世纪时期的罗盘。

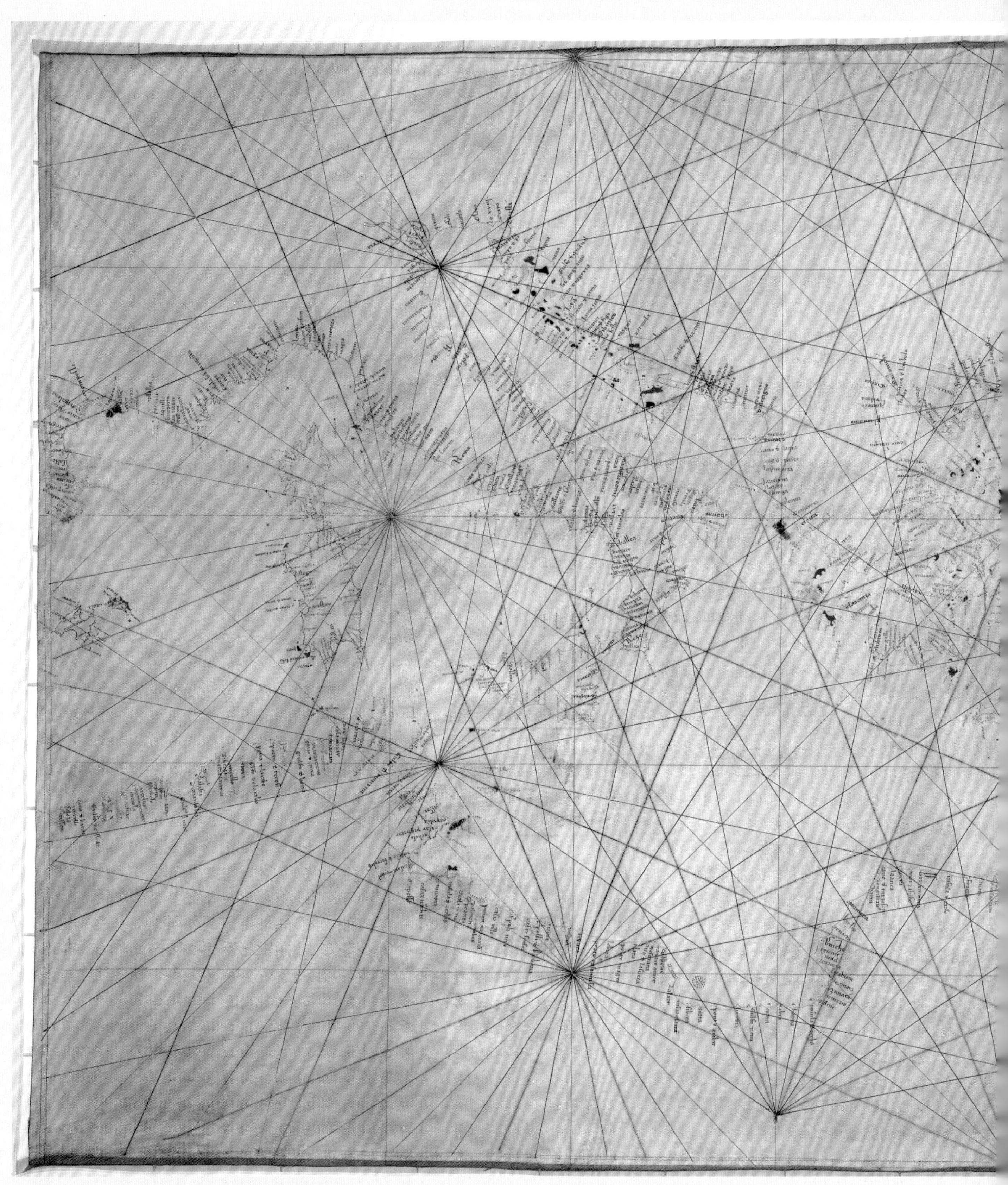

上图： 水手利用波特兰海图上的辐射状航线网络计算航行方向。

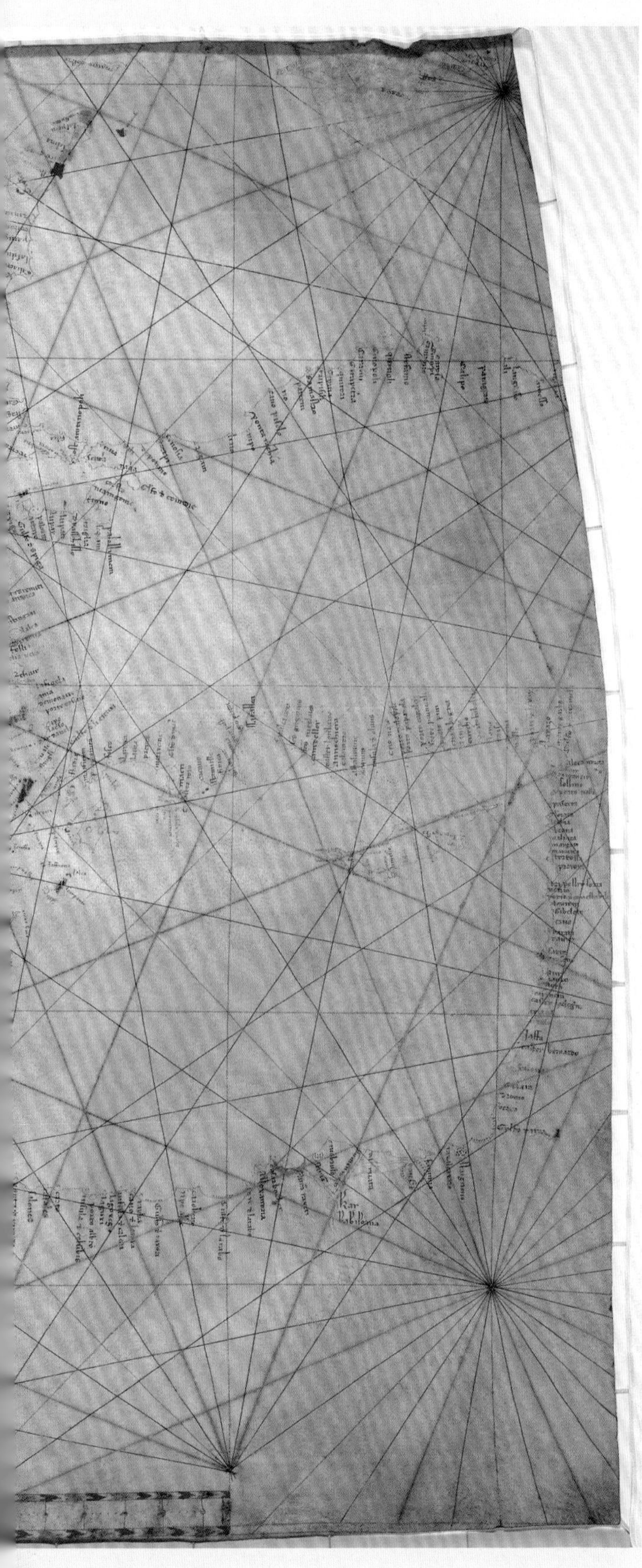

特立尼达号从此地出发，试图穿越太平洋返回墨西哥，但失败后回到了摩鹿加群岛。船员被葡萄牙人抓获。维多利亚号继续向西航行9个月后抵达好望角。随后，该船沿非洲西海岸向北航行，穿过佛得角群岛，然后转入直布罗陀海峡，返回出发地桑卢卡尔-德巴拉梅达。此次航行历时3年，只有18名船员幸存。尽管此次航行损失惨重，但它成功地证明了地球是球形的。在航行中，航海家绘制了一条通往东方的西行路线，并且证明了南美洲并没有向南延伸连接着未知的南方大陆（参见对页内容）。

波特兰海图助力海员航行

指南针出现后（14世纪之前），一种专门辅助航海的新型海图诞生了：这就是波特兰海图（portolan charts）。最早的波特兰海图可以追溯至1311年，这些航海辅助工具在18世纪时仍被水手使用。现存的波特兰海图大约有6000幅。这种海图并不是经纬线网格状，而是由16或32条射线形成的网络，射线相交形成了一个无形的圆心，从这个圆心延伸出额外的线，这些线占据地图大部分区域，线代表的是磁罗盘方位，水手能够根据这些线计算出任意两点形成的方向。

图上还标示了海岸线，并且用红色标记重要港口，黑色标记次要港口。地名被写在空白的陆地上。波特兰海图最早在威尼斯、马约卡和热那亚出现，后来在整个地中海区域盛行。随着时间的推移，欧洲多个地方和几个殖民地也开始使用该图，这在一定程度上也体现了欧洲的海上扩张——最初在南部和西部，随后扩展到美洲、印度和远东。波特兰海图最早是怎么形成的？这个问题人们还没有答案，很显然，它与托勒密的网格系统地图不一样，有可能是海员在不同地点之间多年航行的经验总结。海员使用该图时必须依靠航位推测法确定在海上的位置，这就需要4种信息：已知或假定的起始位置、船只的方位、速度以及以每种速度在每个方位上行驶的时间。

水手可以利用北极星与地平线形成的角度或当地正午太阳的高度来估计纬度。他们在船舷上标记两点，把一块木头扔进海里，用脉搏或步数估计木头在两个标记点之间漂流的时间，以此估计船的速度。在地中海海域航行的航海家如果带着波特兰海图、一套分划器和一个指南针，就能在海图上标出自己的位置，计算到某个目的地的方向，并粗略估计船只在航行途中会经过的地方。

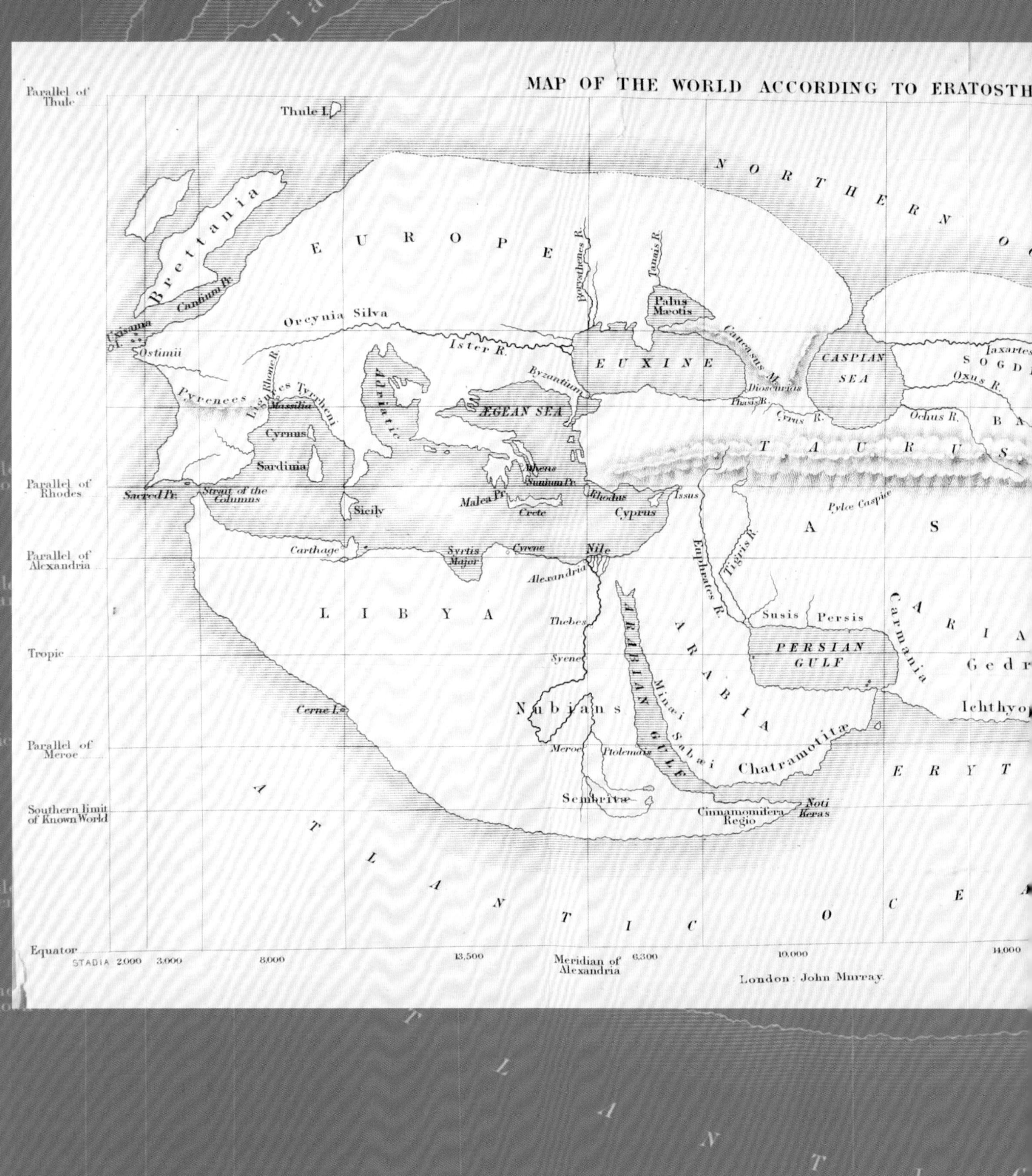

MAP OF THE WORLD ACCORDING TO ERATOSTH
Parallel of Thule
Thule I.
Brettania
Cantium Pr.
Uxisama I.
Ostimii
E U R O P E
N O R T H E R N O
Borysthenes R.
Tanais R.
Palus Mæotis
Orcynia Silva
Ister R.
Pyrenees
Ligures
Rhone R.
Tyrrheni
Massilia
Adriatic
Byzantium
E U X I N E
Caucasus M.
Dioscurias
Phasis R.
Cyrus R.
CASPIAN SEA
Iaxartes
S O G D
Oxus R.
Ochus R.
ÆGEAN SEA
Cyrnus
Sardinia
Athens
Sunium Pr.
T A U R U S
Parallel of Rhodes
Sacred Pr.
Strait of the Columns
Sicily
Malea Pr.
Crete
Rhodus
Issus
Cyprus
Pylæ Caspiæ
A S
Parallel of Alexandria
Carthage
Syrtis Major
Cyrene
Nile
Alexandria
Euphrates R.
Tigris R.
L I B Y A
Thebes
ARABIAN GULF
A R A B I A
Susis
Persis
Carmania
PERSIAN GULF
Tropic
Syene
Gedr
Cerne I.
Nubians
Minæi
Sabæi
Ichthyo
Parallel of Meroe
Meroe
Ptolemais
Chatramotitæ
E R Y T
Southern limit of Known World
Sembritæ
Cinnamomifera Regio
Noti Keras
A T L A N T I C O C E A
Equator
STADIA 2,000
3,000
8,000
13,500
Meridian of Alexandria
6,300
10,000
14,000
London: John Murray.

第三章

航技精进：航海技术与海图技术的突破

包括经度计算在内的航海和制图技术的进步，让航海变得更易操作了。库克船长的环球航行体现了欧洲人对世界地理逐渐深入的了解。北美殖民统治以后，人们提高了对大西洋洋流和季风环流的认识。

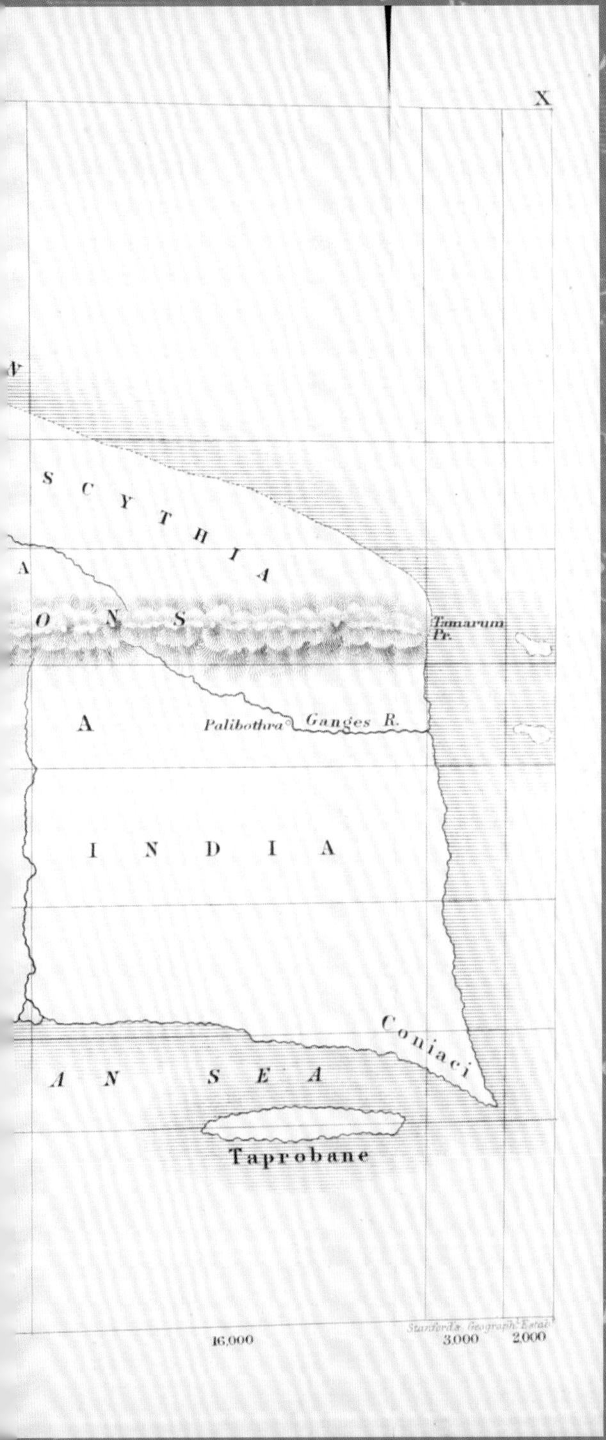

左图： 希腊地理学家埃拉托斯特尼最先利用经纬度水平划分世界，公元前220年左右，他开始绘制图中所示的地图。

经纬系统的欠发达限制航海进步

自15世纪以来，人类航海的次数越来越多，野心也越来越大，人们非常需要一种可靠的方法来确定船只在海上的位置。公元前220年左右，希腊数学家、地理学家和天文学家埃拉托斯特尼发明了经纬系统。这个方法非常有效，直到现在都非常受欢迎。该方法是将地球水平划分为几段，垂直分为几段，纬度表示赤道以北或以南方向的距离，经度表示东西方向距离。

纬线的位置根据赤道以北或以南的度数（0°）测量。经线的位置是根据英国格林尼治的本初子午线（0°经线）以东或以西0°到180°来划分的。1884年，国际公认格林尼治天文台的位置为本初子午线。因此，现在西班牙马德里的坐标大约是40°N，4°W；印度孟买大约是19°N，73°E；阿根廷布宜诺斯艾利斯大约是35°S，58°W。在1884年以前，水手将出发港口所在的位置作为0°经度。

上图： 如何在地球上计算纬度和经线的平行度。

第二章（参见第55页）已经提到，15世纪的时候水手就能计算纬度了。在北半球，他们根据北极星计算纬度，北极星靠近北天极。这意味着水手航行接近赤道时，可以根据北极星降低的高度来表示纬度。这样做的方法是将象限仪的瞄准口对准北极星，然后观察仪器垂线变化的刻度，从而计算出北极星与船身所在的平行线形成的夹角，这个夹角的度数等于纬度数。

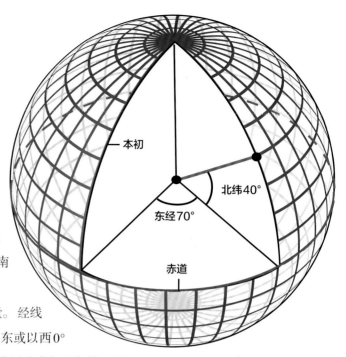

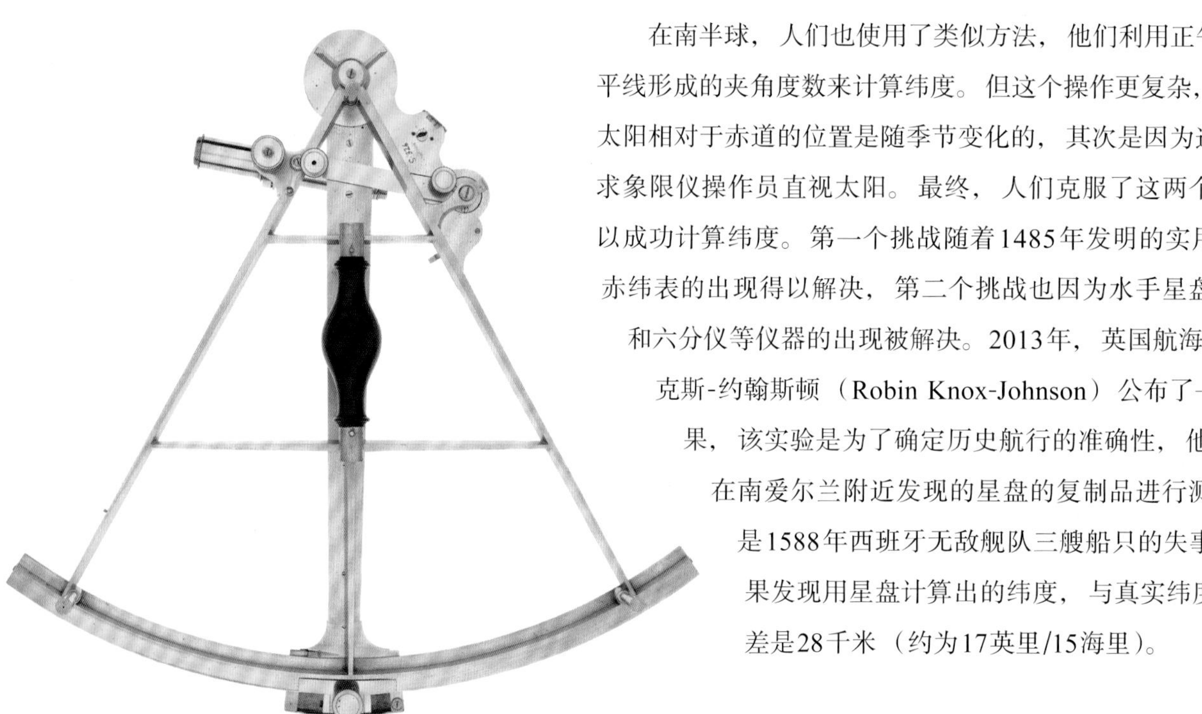

在南半球，人们也使用了类似方法，他们利用正午太阳与地平线形成的夹角度数来计算纬度。但这个操作更复杂，首先因为太阳相对于赤道的位置是随季节变化的，其次是因为这个方法要求象限仪操作员直视太阳。最终，人们克服了这两个挑战，得以成功计算纬度。第一个挑战随着1485年发明的实用仪器太阳赤纬表的出现得以解决，第二个挑战也因为水手星盘、后标尺和六分仪等仪器的出现被解决。2013年，英国航海者罗宾·诺克斯-约翰斯顿（Robin Knox-Johnson）公布了一项实验结果，该实验是为了确定历史航行的准确性，他用1845年在南爱尔兰附近发现的星盘的复制品进行测试。该地是1588年西班牙无敌舰队三艘船只的失事地点。结果发现用星盘计算出的纬度，与真实纬度的平均误差是28千米（约为17英里/15海里）。

诺克斯·约翰斯顿推断，15世纪晚期，人们从21米（约70英尺）高船只桅杆上的瞭望台能看到42千米（约26英里）远、61米（约200英尺）高的山丘。因此，他认为误差在27.8千米（约15海里）可以被接受，因为这种误差不影响海员相对容易地到达目的地。知道目的地的纬度，他

对页下图： 六分仪，海员用它计算太阳或星星高于海平面的高度，以此来估算纬度。

上图： 此处是亚美利哥·韦斯普奇，在15世纪和16世纪，像他一样的海员根据星星计算纬度。

们就能朝与此平行的方向前进，直至终点。1569年，麦卡托（Mercator）发明了地图投影，简化了这个过程（参见第78至79页内容“麦卡托投影法促进海上导航”）。

能相对准确地计算纬度无疑促进了海洋探索的发展，然而在17世纪，为了准确定位船只的位置，人们仍在苦苦寻找计算经度的方法。在那时，随着商业和航海的发展，其他国家也努力在迅

速发展的国际贸易中寻得一席之地。西班牙和葡萄牙占据支配地位；荷兰共和国、英国、法国、丹麦、瑞典、奥地利、普鲁士等小国，以及英国在北美和西印度群岛的殖民地国家，都在相继争夺贸易路线和外国领土的控制权。

下图：1666年，英国与荷兰为争夺贸易路线控制权而发生战争。

早期航行局限较多，船只必须顺着有利的风向航行，并且通常无法在两地间直线航行。这样就导致相敌对的国家只能走相同的航线，频繁接触。海上战争也经常爆发，因为每个国家在守卫本国船只和领土的同时，都试图抢夺对手的货物及领土。并且这样的航行通常耗时较长，往返欧洲和东方可能要花两年时间。这不仅增加了欧洲与其他地方在商业沟通方面的困难，而且招募海员也遇到了难题。因为在海上待的时间越长，海员因缺乏维生素C死于坏血病（维生素C缺乏病）的风险就越高（当时人们还无法得知其病因。）

由于无法计算经度，航海家在选择航线时不得不采取保守的态度。朝着目的地方向的航行可能会产生未到达或已超过目的地的情况，并且航海家无法得知船只在目的地的东边还是西边，这样一

麦卡托投影法促进海上导航

在二维图纸上绘制三维球体必然会发生扭曲。在16世纪后半叶，制图师们倾向于使用椭圆投影来绘制地图。因为这样能真实地描绘出每个经纬度数（虽然纬度平行线之间的距离永远不会变近，但经线在赤道处最长，在两极会聚成一点）。然而，由于表示"直线"罗盘方向的线条呈弯曲状，水手使用起来非常麻烦，必须在航行途中不断地重新确定方位。

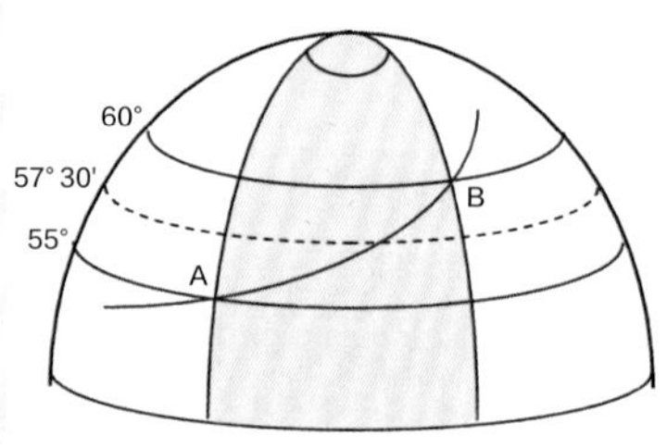

上图：麦卡托制作的新型投影图将经线与纬线的夹角保持在90°。

1569年，佛兰德制图师杰拉杜斯·麦卡托（Gerardus Mercator）制作了一种新型的带有圆柱投影的挂图。虽然在靠近两极的地方会有些扭曲，但它保留了经线与纬度线之间的90°角。水手使用的罗盘上所显示的方位也不是弯曲的，而是直的，这样就使操作变得容易。想知道这个投影的工作原理，你可以想象在圆管中有个可以发光的球体，该球体的经纬线会映射在圆管内部，你要做的就是把投影在圆管内部的经纬线勾勒出来，然后将圆管展开，形成一个二维平面图。

最终，麦卡托的投影图被用于航海图，有了它，航海家就能更容易地计算目的地的方位。近几年，麦卡托的投影图因扭曲各大陆与赤道的距离而饱受批评（例如，格陵兰岛的面积在图上似乎与非洲相同，但事实上，格陵兰岛要小得多）。但它仍被用于一些航海、航空和军事地图中，许多电子地图供应商也使用它的变体，并将其称为"麦卡托网"。

左图：制图师杰拉杜斯·麦卡托。

来，水手就需要朝着目的地以东或以西的方向航行相当长的一段距离。通过这种方式，海员一旦到达正确的纬度，就在同一纬度平行航行，直至抵达目的港。如果能解决这个问题，就可以降低航行风险，并且船员死亡、货物丢失和沉船的情况就会减少（参见第80页内容“一场巨大的海上灾难”）。早在1598年，西班牙就提供丰厚的奖赏以此激励“经度发现者”。几十年后，荷兰共和国和其他国家也推出了类似的奖励措施。然而，直到1714年后，英国政府才通过《议会法案》，向能计算出半度（半度经度相当于两分钟）以内经度的人颁发2万英镑的经度奖励，精确计算经度的方法才诞生。

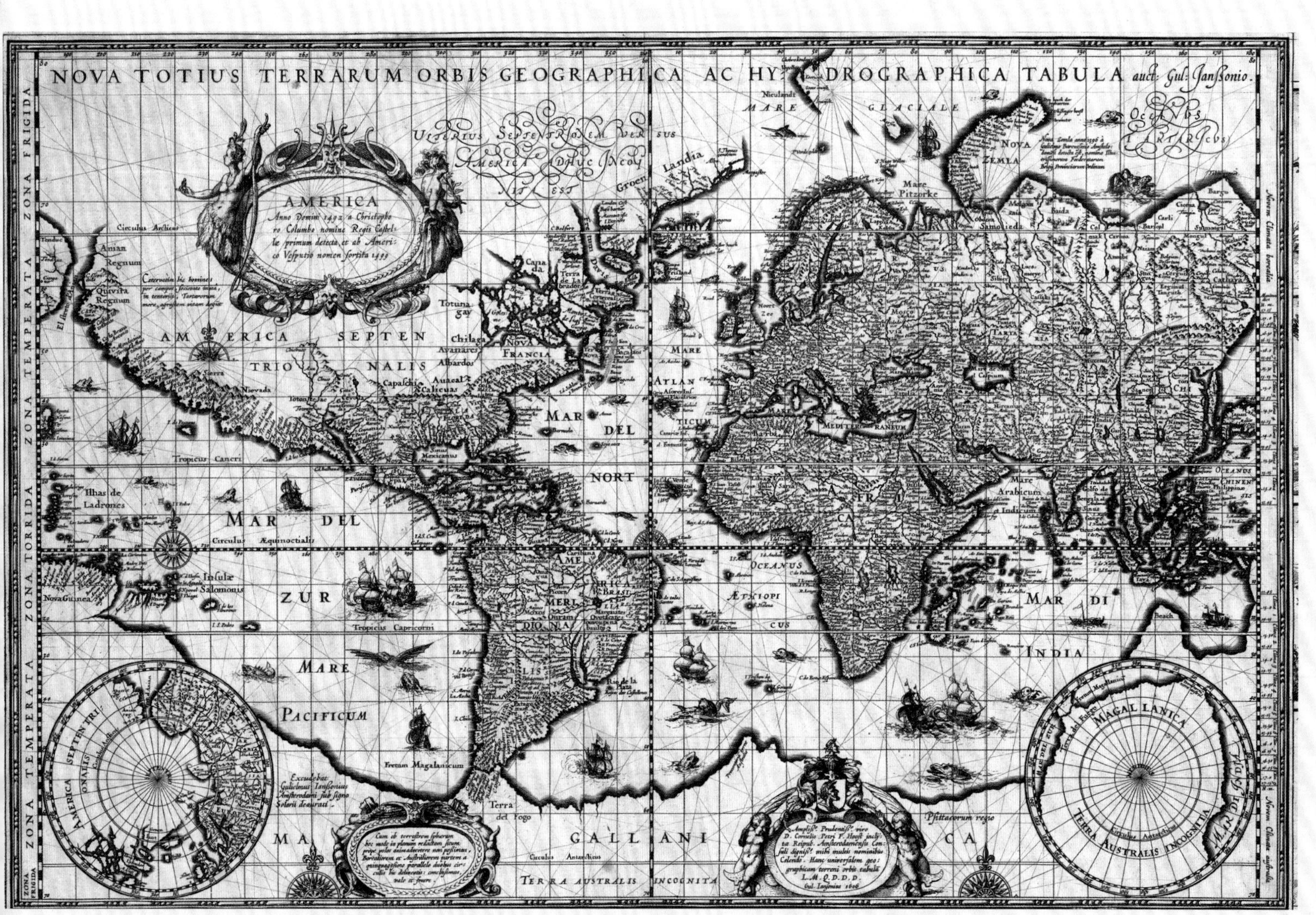

上图：麦卡托投影法是让地球按等角条件将其经纬网投影在一个与之正切的圆柱体上，经线和纬线之间呈直角相交，组成一套网络系统。

一场巨大的海上灾难

1707年，英国皇家海军联合号（HMS Association）科学考察船在锡利群岛附近沉没，这个事件进一步提高了人们对增强航海知识的意识。该船配有96门炮，重1459吨，是劳戴斯利·肖维尔爵士（Sir Cloudesley Shovell）在西班牙王位继承战争（由无子女的西班牙国王查理二世之死引发）期间使用的船舰。此船与另外3艘科考船在从地中海返回的途中沉没，肖维尔爵士与随行的2000名船员全部遇难。根据发现于此船的44本航海日志记录册，人们得知此次航行的经度误差在1度到3度之间（根据航位推算法得知）。

肖维尔爵士曾担任英国舰队总司令，他本人对改善航海条件非常有兴趣。1699年，他与天文学家艾萨克·牛顿（Isaac Newton）见面，二人曾讨论了一项关于经度计算的提议。

这次海难人员损失惨重，还有一位高级官员丧生，被认为是当时那个时代最严重的海上灾难。后来，人们在争取设立经度发现者奖励时也引用了这次船难。

1967年，考古学家在研究这艘沉船的时候发现了八片币（Pieces of eight，世界上第一种全球性流通的货币），这种货币曾因被海盗使用而极为著名。

上图： 1707年发生在锡利群岛附近的船难致使2000人丧生，被认为是那个时代发生的最严重的海难。

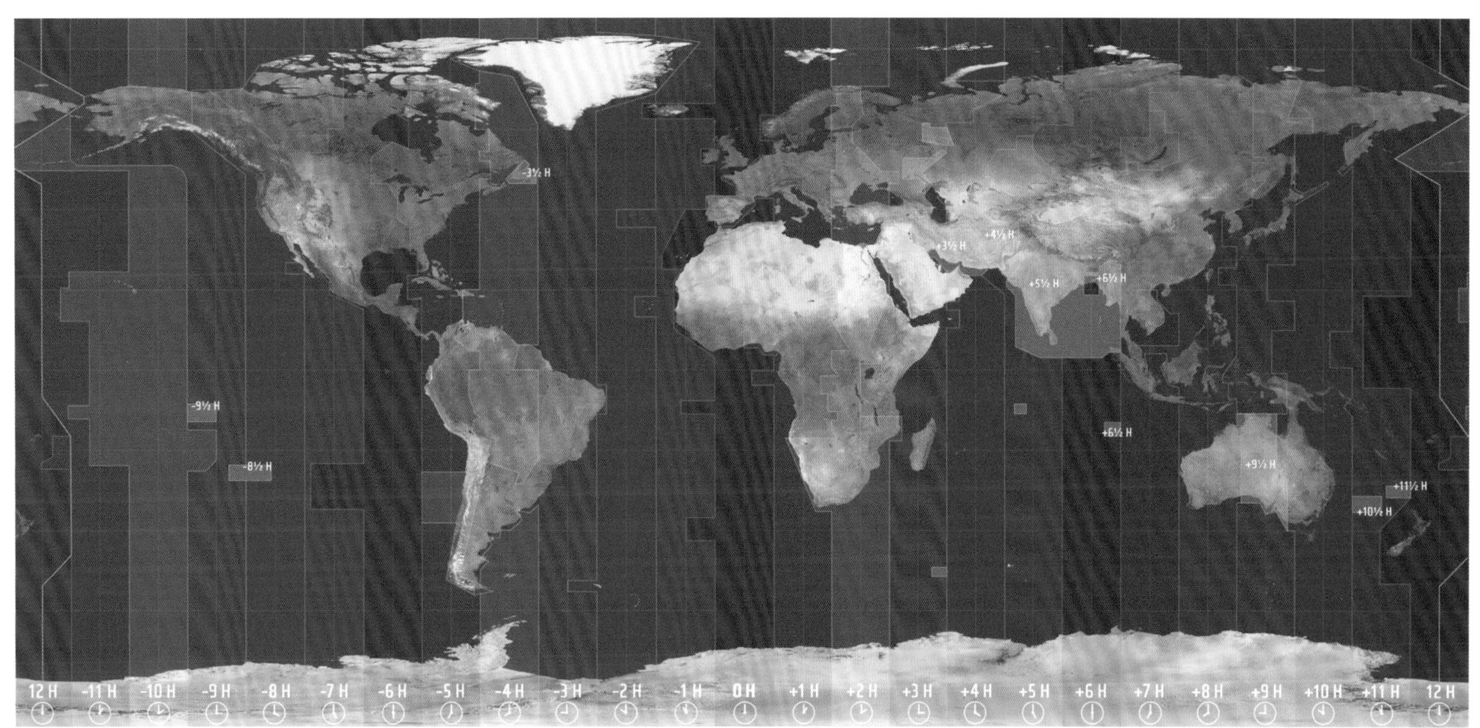

上图： 这张标准时区地图展示了世界各地的时间与经度的关系。

实行奖励措施激发人们创造力，打破经度计算之谜

经度计算的科学原理非常简单。地球每小时转动15°经度，24小时自转360°。由于地球发生自转，经过正午时刻（当天太阳的最高点）的经度也在变化。举例来说，经度A所处的正午时刻比其15°以西经度的正午时刻早1小时。因此，如果你从经度A处在正午时刻向西航行，那么1小时后当船到达纬度A时，此时也是正午，但你已经走过了15°经度。

早在16世纪初，学术界就知道可以用这种方法计算经度。然而，让他们望而却步的是如何知道目的地的时间。有一个可行的方案是携带能显示远距离时间的装置。1657年，第一个能够精确计时的机械计时器——摆钟诞生了。然而，由于海洋总是波涛汹涌，船体免不了摇晃得厉害，船员也无法在航行中利用摆钟来准确判断时间。

于是，科学家转而关注使用天文钟的可能性。他们希望水手能够利用星星或其他天体的位置确定遥远地方的时间。英国皇家格林尼治天文台于1675年在格林尼治建成，旨在“纠正天体运动表和固定恒星的位置，帮助人们确定海上经度，促进航海发展”。1725年，格林尼治皇家天文台出版了一份手册，其中包含3000颗可观测恒星的数据。

下图： 英国格林尼治皇家天文台，建成于1675年，目的是利用天文学计算经度。

到了18世纪中叶，一种利用月球计算经度的方法开始变得非常受欢迎。这个方法是利用月球公转比地球公转相对较快的特点，根据它经过几颗特定的恒星来计算。格林尼治的天体运行表会在月亮和一颗特定的恒星形成特定角度的时候记录时间。水手在船上可以计算出他们观察到月亮和星星之间呈现特定角度的时间，根据天体运行表可以计算出格林尼治地区的时间，然后再用“格林尼治时间”和他们当时的时间差来计算经度。

格林尼治皇家天文台发现德国天文学家托比亚斯·梅耶（Tobias Mayer）发明的天体运行表能将经度精确到一度的误差。这远比航位推测法要精确。英国皇家天文学家内维尔·马斯基林博士（Nevil Maskelyne）在前往圣赫勒拿岛的航行中成功测试了该方法，并且发表了利用月球法计算经度的指南，自1767年起，该指南每年都公布月亮距离太阳和7颗恒星在3小时里的距离数据。虽然这个方法在理论上能解决经度确定的难题，但该方法却非常不实用。早期使用者要想计算一个位置需要4人花费4小时的时间。

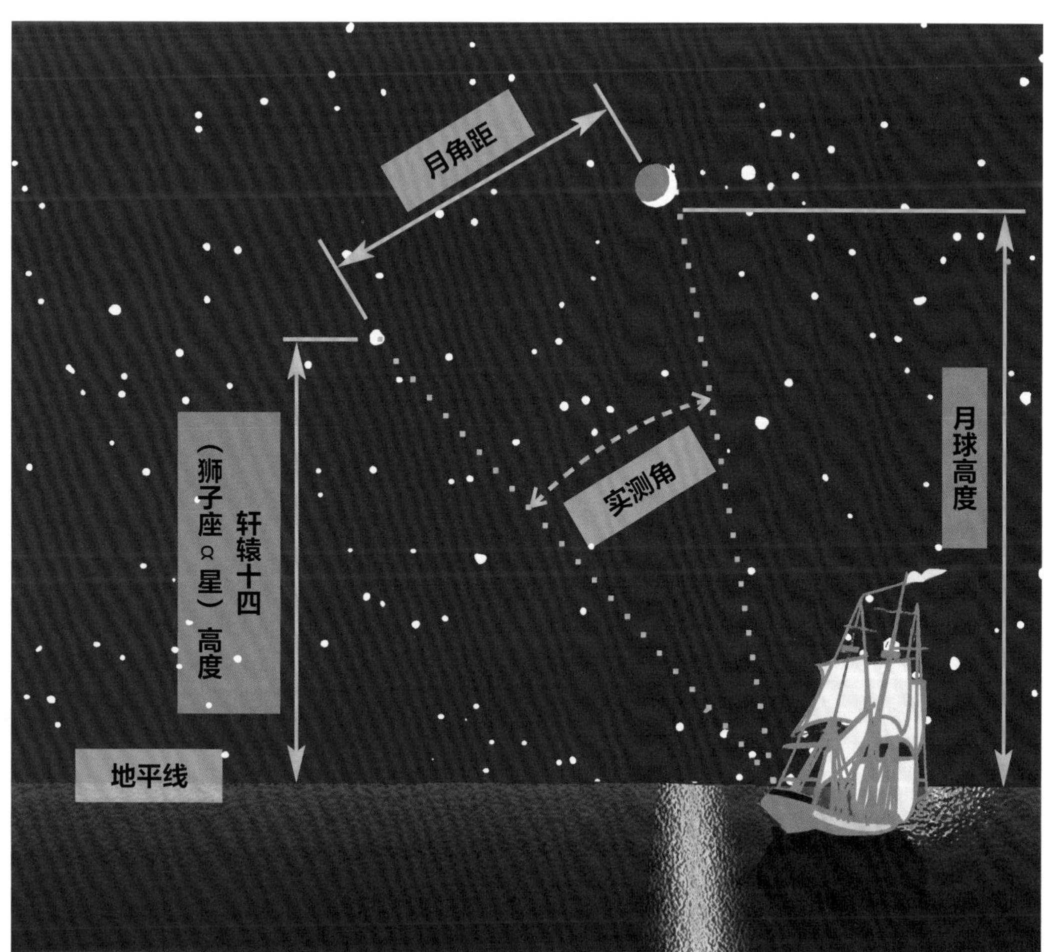

上图： 内维尔·马斯基林博士，在1767年，他成功利用月球方法计算了经度。

左图： 图示为月角距经度计算法。“月角距”指月球与其他天体形成的夹角度数，此图中的天体是狮子座α星，是狮子座里最亮的恒星。

随着利用月球计算经度方法的发展，自学有成的英国钟表匠约翰·哈里森（John Harrison，经线仪发明者）也在全身心制造一种适用于海上恶劣环境的无摆钟。他发明了一种由黄铜、钢和木头制成的新型计时器，用哑铃状的平衡棒取代钟摆。经过海上测试，这个重34千克（约77磅）的H1号钟的效果很好，因此，经度奖的管理方，经度委员会（the Board of Longitude）奖励哈里森250英镑，让他继续研究。1737年，委员会承诺向哈里森再提供250英镑的奖励，批准他继续改良无摆钟。

上图： 约翰·哈里森，他致力于制造一种水手可以在海上携带的精确计时器。

随后30年里，在委员会的财务支持下，哈里森完两次升级了自己发明的计时器，后来他开始利用并试图改进现有的航海计时器技术，于是航海计时器H4就诞生了，它其实是一个大型天文钟表，表壳为银色，每秒会发出5次滴答声。1761年，操作员在朴次茅斯至西印度群岛的航行中对H4进行测试，发现它能准确预测该船到达马德拉和牙买加的时间。

H4能将经度误差控制在半度以内，似乎已经满足价值2万英镑的“经度奖”的获得条件，但经度委员会却没有轻易被说服。他们认为，由于牙买加皇家港口的经度未能准确得知，而且在测试前，未能就航海计时器的“速度”（每天损失或获得的时间量）达成一致，因此无法确认该测试是否成功。虽然经度委员会承认H4是“一项对公众非常有用的发明”，但是却拒绝授予奖金。

他们奖励哈里森2500英镑，立即支付1500英镑，而剩余奖金将在第二次试验结束后支付。1764年，在前往巴巴多斯的为期46天的航程里，该钟表再次准确无误地进行了计时。官方的时间误差为39.2秒，在巴巴多斯的纬度误差不到18.5千米（约10海里）。

哈里森认为此次测试成功完全让他有资格获得“经度奖”的全部奖金。然而，经度委员会却想知道哈里森的方法是否可被重复使用并且让公众受益。因此，委员会向英国议会提议，若

H1

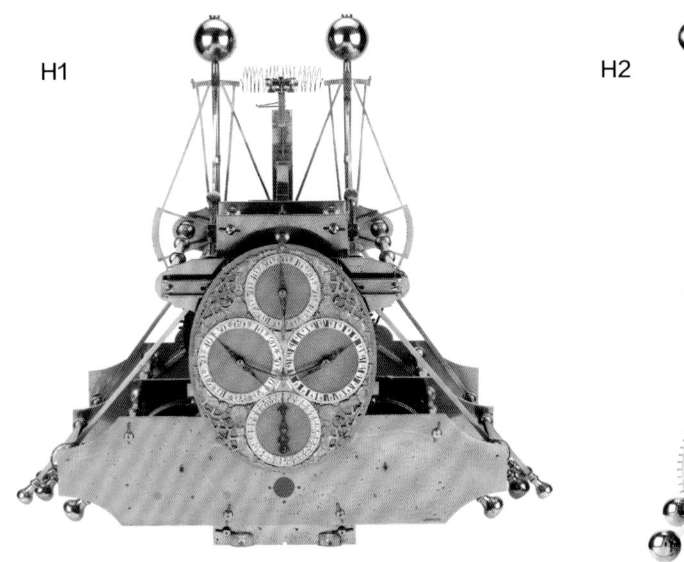

H2

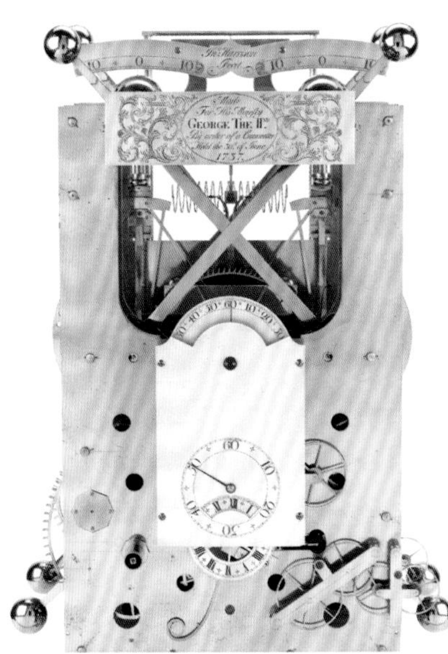

左图和对页图： 约翰·哈里森最初发明的4个钟表。

为解决现代海航难题而设立的新经度奖

首次设立“经度奖”300年后，2013年，英国政府成立了一个新的经度委员会，来确定世界面临的六大全球问题。在当代天文学家皇家勋爵马丁·里斯（Martin Rees）的领导下，该小组由40余名顶尖科学家、工程师和政治家组成，致力于研究能源、环境、全球发展、技术和机器人、通信普及、健康和福利等主题。他们先确定六项潜在挑战，然后进行公开投票。

公众投出的挑战是：如何防止抗生素耐药性提高？“新经度奖”的1000万英镑奖金（大约相当于1714年的20000英镑奖金），其中800万英镑将奖励发明出准确、快速、实惠和全球通用的诊断测试，彻底改变医疗保健，使抗生素为后代造福的个人或团队。评审每4个月进行一次，预计该奖会在2015年至2020年间会被授予。该奖由英国创新基金会的一个团队管理。

哈里森能演示该计时器的工作原理，则奖励他1万英镑；若能证明其他制造商可以生产出质量与准确度与之相当的钟表，再奖励他1万英镑。这些建议，即提议奖励梅耶的继承人3000英镑，奖励莱昂哈德·欧拉（Leonhard Euler）制作精确月相表300英镑，以及奖励改良梅耶表的人5000英镑，被纳入1765年的新《经度法案》中。尽管哈里森不满委员会的做法，但他还是继续研究自己的发明，于是，1772年，H5诞生了。国王乔治三世在里士满的天文台测试了H5，他发现H5的精确度很高，并建议哈里森向国会申请尚未支付的奖金。

于是哈里森得到了议会奖励的8750英镑奖金，这些钱加上之前委员会在他升级钟表期间奖励他的钱已经超过了20000英镑。然而，莫里森收到这笔钱的时候已经80岁了，3年后他就去世了。实际上，经度委员会奖从未颁发。至于是否应该在巴巴多斯测试后奖赏哈里森的问题，很大程度上可以归结为一个解释：该奖项是颁发给能够准确计算经度的航海计时器，还是颁给可以“大规模生产航海计时器”的手段，这只能通过复制该模型来证明。这一点直到现在仍有争议。

H3

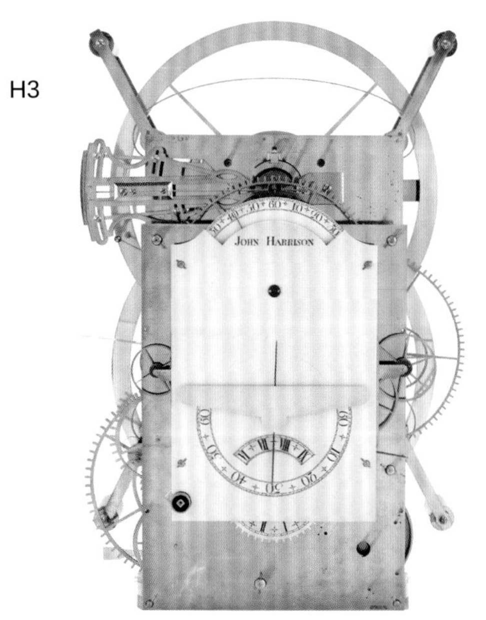

H4

在纪念奖项300周年之际，一项新竞赛产生了，该竞赛旨在通过创新解决当今全球面临的挑战（参见上文“为解决现代海航难题而设立的新经度奖”）。

上图：詹姆斯·库克，1768年至1771年奋进号探险的船长。

库克启发“南半球地理热”

1767年，英国制图师亚历山大·达林普尔（Alexander Dalrymple）根据航海家的描述，将一些可能的发现汇编成《有关几次南太平洋航行和发现的历史记录》[①]，他认为那个传说中“未知的南方大陆”是真实存在的。次年，英国皇家学会和英国海军部联合资助探险队并派遣詹姆斯·库克担任船长前往太平洋的塔希提岛（前一年探险家塞缪尔·沃利斯曾让英国人注意到了这个地方）。英国皇家学会希望库克观察金星在地球和太阳之间的运行，以便收集测量数据，帮助计算地球与太阳之间的距离。然而，海军部给库克的秘密任务是在南太平洋寻找陆地，包括那个“南部大陆”。这次探险和之后的几次探险为经度测试新方法提供了测试机会。库克于1755年加入皇家海军并在北美服役，在此之前，他就从北海煤炭贸易中了解航海、数学和天文观测方面的知识。他曾花时间观察日食、绘制圣劳伦斯河和各种沿海地区的地图，这些经历让他成为此次探险的最佳领导。1768年8月，库克乘坐英国皇家海军奋进号（HMS Endeavour）考察船从普利茅斯出发，1769年4月抵达塔希提岛。在那里，库克与塔希提人建立了联系并成功观测到金星凌日现象（金星运行到太阳和地球之间，三者恰好在一条直线上）。在这之后，为了寻找新大陆，库克向南航行了40度。在这个纬度，“狂风大作，大雨滂沱……没有一丝陆地的迹象”，于是库克遵照指示，向西航行，前往新西兰。一旦发现新的大陆或岛屿，库克船长就下令探索：

> ……尽最大可能，仔细观察经纬度的真实情况、指针的变化、海岬的方位，海潮和洋流的高度、方向和流向，水深和浅滩、岩石等可探测区域，测量并绘制海图，观察这些海湾、港湾和海岸的不同部分，并在

①：原文题名为*An Historical Collection of the Several Voyages and Discoveries in the South Pacific Ocean*。

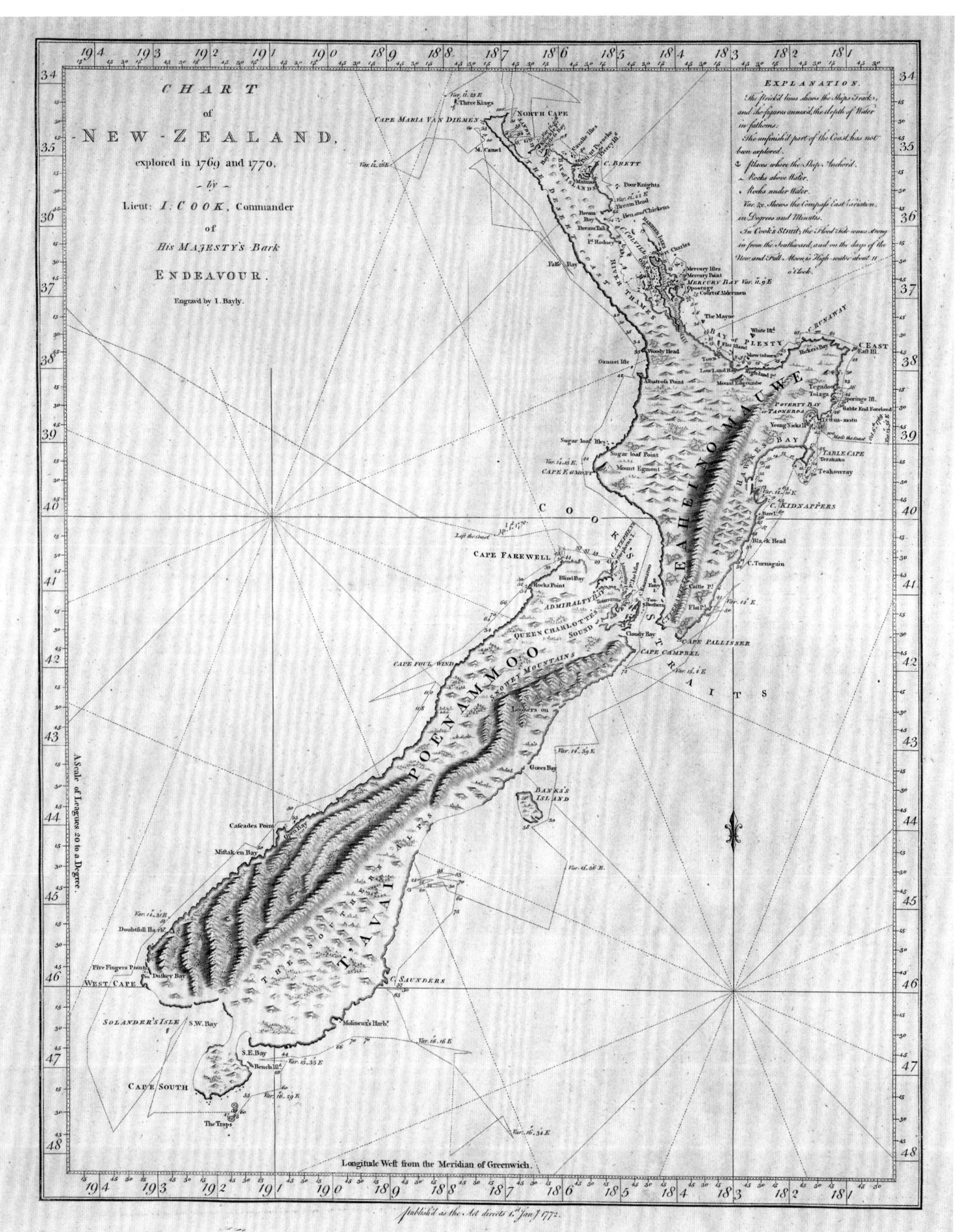

上图： 围绕新西兰航行并绘制出它的轮廓后，库克船长证明了它不属于某个大陆。

上图： 奋进号，库克船长寻找传说中的“南方大陆”所乘的船只。

上面做可能对航海或商业有用的标记。

库克抵达新西兰［此前在1642年，荷兰人亚伯·塔斯曼（Abel Tasman）从欧洲出发短暂到访过此处］后，用了6个月的时间绘制了3860千米（约2400英里）的海岸线图，他绕着新西兰的两个岛屿环行，证明了新西兰是独立的岛屿，不属于某个大陆。随后，探险队从这里出发前往澳大利亚，库克与其随行人员调查了澳大利亚东海岸3220千米（约2000英里）的范围。

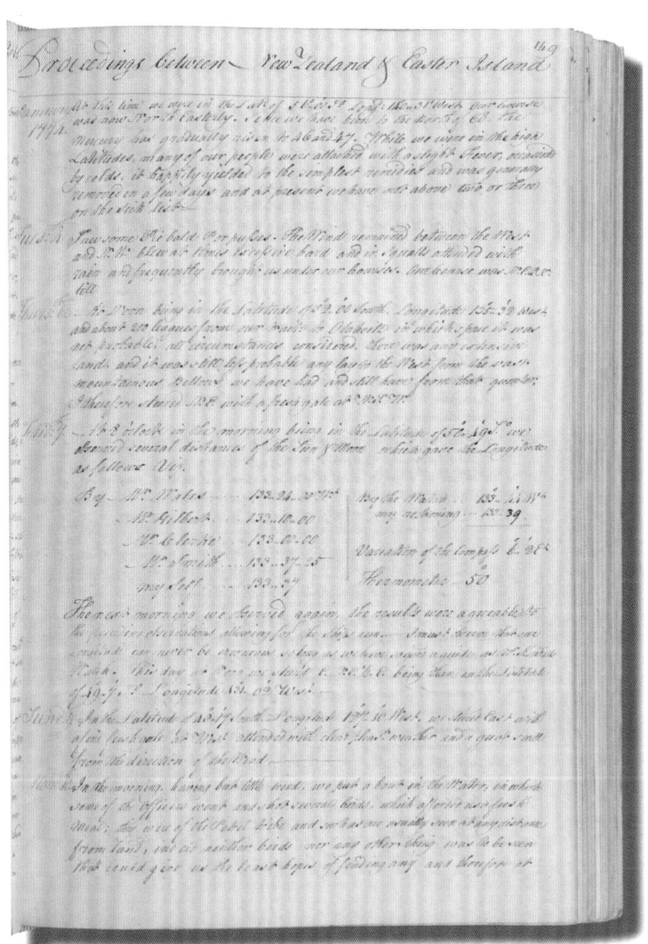
Proceedings between New Zealand & Easter Island

奋进号离开澳大利亚后，继续向北向西到达巴达维亚（如今的印度尼西亚的雅加达），经过托雷斯海峡，证明了新荷兰（当时的澳大利亚）和新几内亚并不相连。此后，探险队从印度尼西亚出发，绕过好望角，向北航行，在1771年7月回到英国。此次探险不仅实现了天文目标，还提供了从前欧洲人不知道的关于陆地的详细信息，在库克的帮助下，英国宣示了在澳大利亚东海岸的主权，并为英国在此殖民铺平了道路。此次随行的还有慈善家兼植物学家约瑟夫·班克斯（Joseph Banks）以及他资助的几位博物学家和艺术家，所以此次探险还收获了大量花卉及动物标本以及插图。然而，探险队没有找到那个传说中的南方大陆。库克在一封从巴达维亚寄往海军部的信中总结道：“这次航行并不理想。”因为他“没有找到被人津津乐道的那个南部大陆（也许它根本不存在）”。

左图： 库克对航行进行了详细的记录。

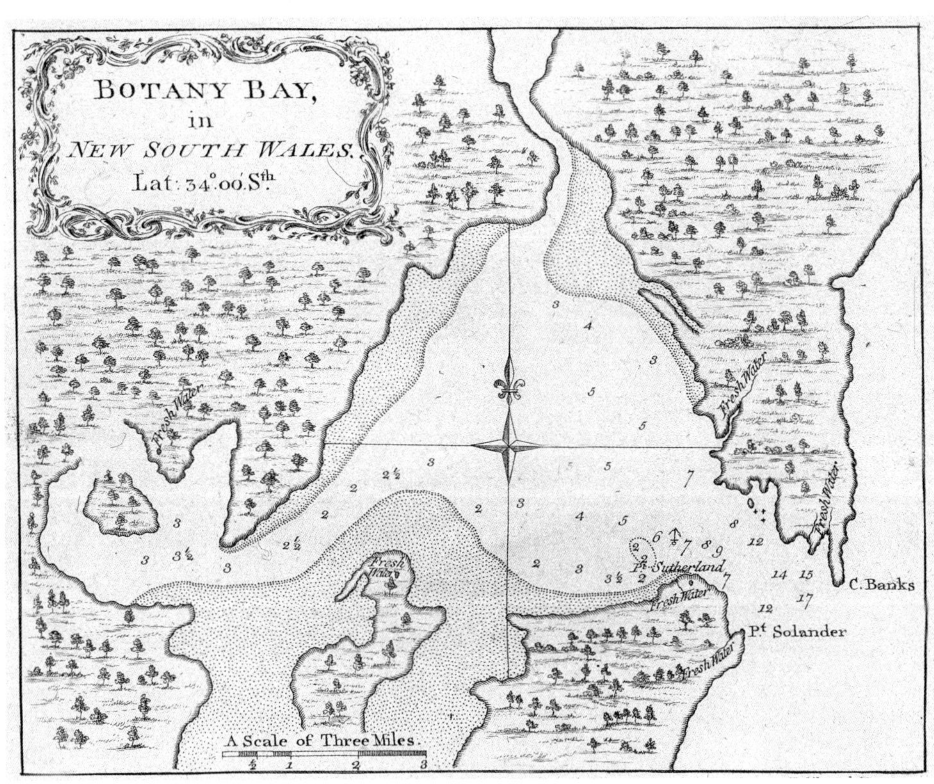

下方左图： 库克将他登陆澳大利亚的第一个地方命名为植物湾，因为这里生长了各种各样的植物。

此次航行没有发现传说中的南方大陆，激励了库克船长第二次的探险。库克回国一年后，乘坐英国皇家海军决心号（HMS Resolution）考察船再次离开英国，这次还有托拜厄斯·弗诺（Tobias Furneaux）搭乘英国皇家海军探险号（HMS Adventure）考察船一同前行。他们抵达好望角后，开始从非洲往南极洲方向航行，希望能发现法国人在1738年曾遇到的陆地。但是他们没有成功，库克船长接到指示："从现在的位置向东或向西都可以，尽量往高纬度航行，尽可能地观察南极附近的情况；只要船只状况良好，船员健康，所到地区许可，你就可以根据此方法继续航行……"

左图： 库克船长第二次航行期间，探险号和决心号停在塔希提岛的麦塔维湾（Maitavie Bay）。

1773年1月，探险号和决心号成为已知最早穿越南纬66.5°南极圈的船只。它们继续向南航行，直至南纬67.15°，库克观察到："冰层太厚太密，无法再向前航行。"于是他航行至新西兰，从那里前往塔希提岛及其附近岛屿，返回途中在亚伯·塔斯曼曾到过的岛屿停了下来，库克把这些岛屿命名为"友谊群岛"。决心号与探险号在一场风暴中分开，探险号返回英国，但库克再次向南，在1773年12月和1774年1月两次穿越南极圈，最终遇到冰原，库克对这片冰原的描述是"它向东西方向延伸，一望无尽"。此次南方大陆的搜寻工作只发现了冰山密布的海洋和无法居住的冰原。

库克回到太平洋，开始寻找复活节岛，1774年3月，他到达了复活节岛。之后从那里出发，重新去了塔希提岛和汤加岛，绘制了当时英国人还不知道的岛屿（瓦努阿图、新喀里多尼亚岛和诺福克岛）的地图，他还穿越了去年夏天未曾探险过的一些太平洋区域。回到南美洲南端时，库克写道："我已完成南太平洋区域的探险，并且我问心无愧地说没人会怀疑我的探险成果，我的探索已经远远超越一次航行目标。"库克在大西洋发现的岛屿包括当今的南乔治亚岛和南桑威奇群岛。1775年7月，离家3年多的库克船长回到了英国。在航行11万千米（约6.8万英里）后，他终于揭秘了"未知的南方大陆"的神话，发现了以前英国人不知的太平洋岛屿。

1776年7月，库克开始了第三次航行，此次航行是为了寻找一条连接北太平洋和北大西洋的西北方向的航道，如果找到这个巷道就很有可能缩短通往亚洲的贸易航行距离。1778年，他首次发现夏威夷群岛，然后向北航行到白令海域，进入北冰洋。在那里，他没有发现适航通道，但此次探险确实发现了亚洲的东部海岸。库克于当年年底回到夏威夷过冬，但在1799年初，一些水手和当地人发生激烈冲突，库克在此过程中被杀。库克船长逝世后，探险继续进行，但船队最终还是放弃了寻找西北航道，于1780年返回英国。

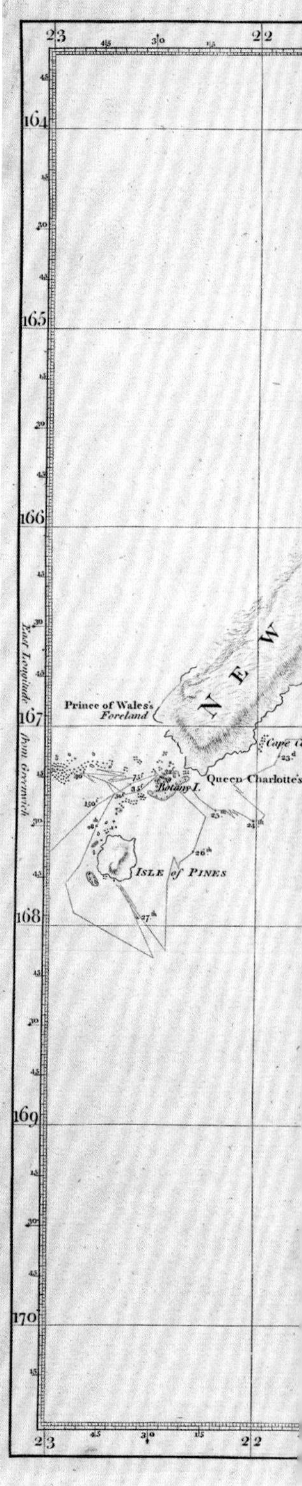

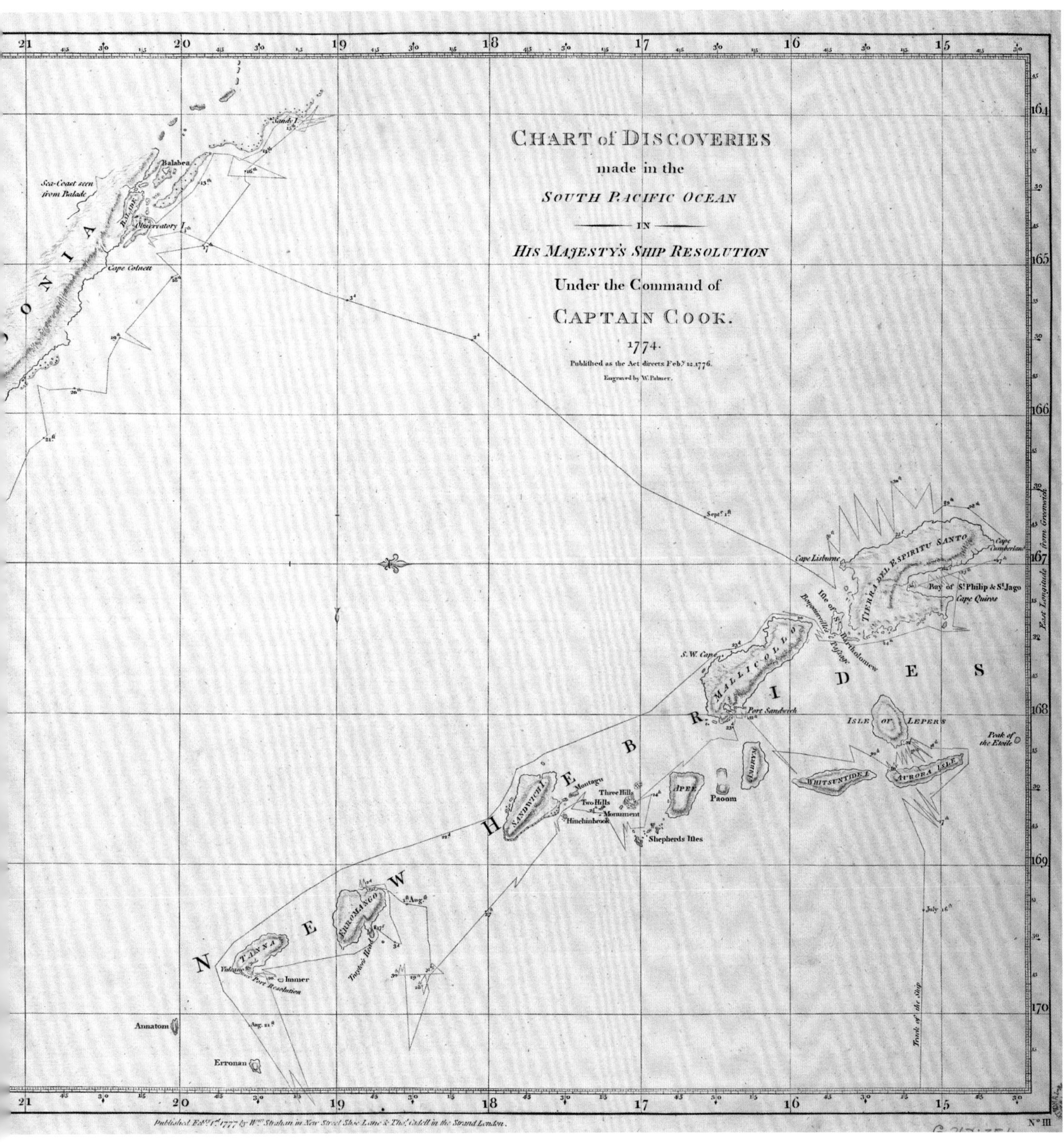

对页图： 库克希望能找到那个 “未知的南方大陆”，但是只发现了冰山密布的海洋和无法居住的冰原。

上图： 库克绘制了以前英国人不知道的太平洋诸岛的地图。

詹姆斯·道格拉斯（James Douglas，昊顿伯爵，1764年至1768年担任皇家学会主席）认为库克的地理发现“确定了南半球可航行的陆地及海洋界限”。库克在制图方面的成功得益于他能掌握计算经度和纬度的新方法和航行中携带的优质仪器。他在第一次航行中运用了月角距经度计算法，尽管如此，他仍能将图表精确在半度经度范围内。在第二次航行中，库克携带了一个由钟表匠拉克姆·肯德尔（Larcum Kendall）在哈里森计时器的基础上设计的航海经线仪。该仪器的测量效果非常好。有了这两种方法，库克就能确定位置。

库克船长和奋进号的水手掌握新导航技术与经度计算方法是一件非常幸运的事。因为在那时，水手主要还是通过计算纬度以及几个世纪积累下来的知识与传统航海技术进行定位。钟表和经度计算方法在100多年后才得以更广泛应用。虽然后来能够精确定位船只和陆地的位置，但海上航行的危险仍然存在。因为航行中难免会遇到岩石阻碍与恶劣天气的影响，这些都无法完全克服。比如库克率领的奋进号在第一次环球航行时就曾遭遇大堡礁搁浅，险些沉没。

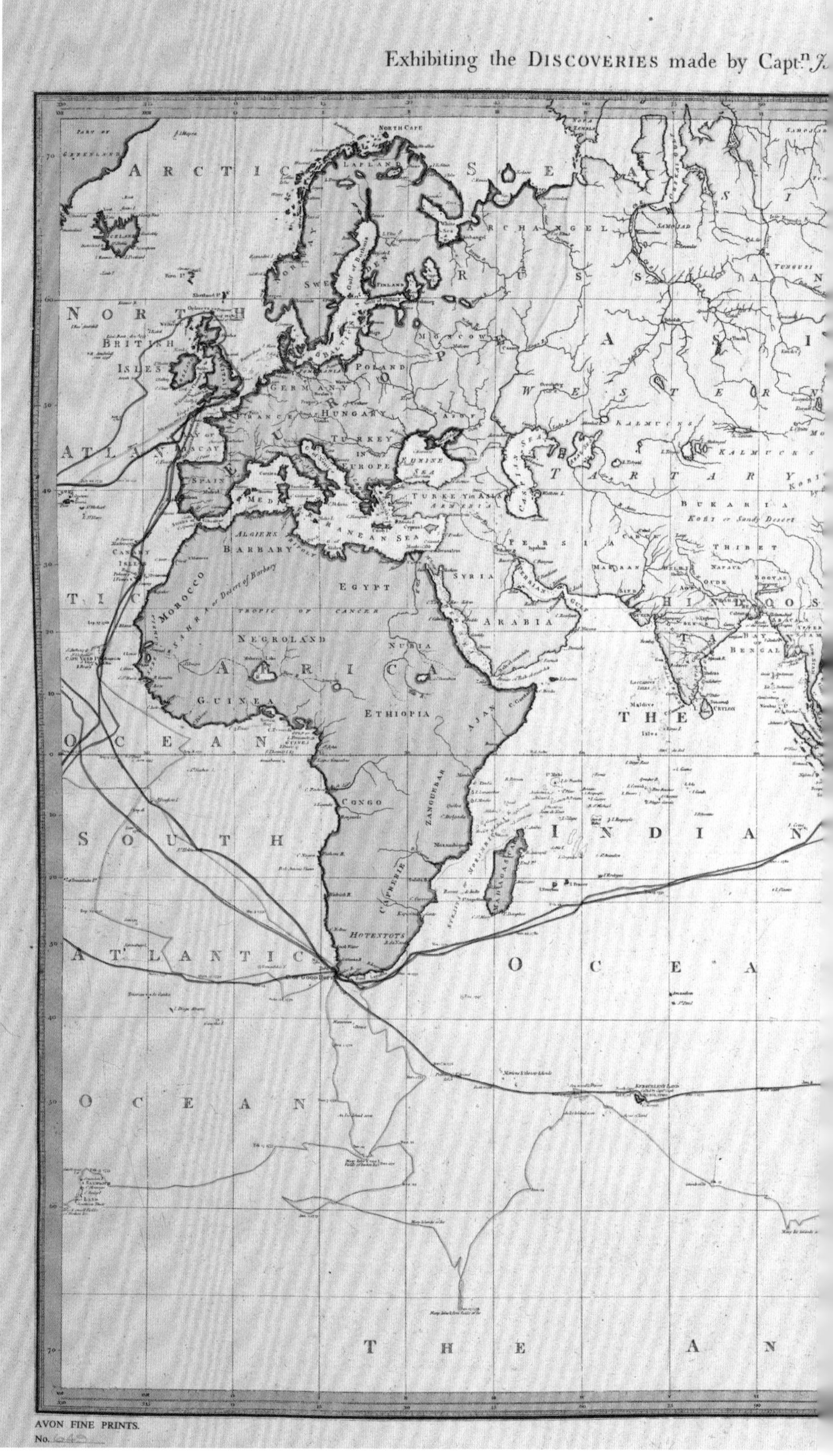

上图：1785年的一幅地图展示了库克的3次航行。

虽说危险难以避免，但是能准确计算经纬度确实让库克摆脱了只能在特定纬度航行或沿海岸线航行的困扰，让他能在太平洋自由航行并且不会迷路。从此，人们就不再需要根据船只先前的位置、与先前位置的距离以及从先前位置出发的方向进行定位，而是通过地球经纬网来确定位置。这样一来，库克船长不仅能绘制探险路线图，根据探险队在地球上的位置确定陆地的边界，还可以对早期探险家记录的位置信息进行核查。此外，人们知道如何计算经度后，海图绘制的质量也大大提高，海上航行变得更加安全。二维地理要素坐标的几何作图方法也因此确立并且至今仍在使用。

奋进号沉船有望被找到

库克第一次环球航行中最著名的船就是奋进号，它是一艘三桅帆船，在英国惠特比用200棵成熟橡树建造。最初，该船被命名为彭布罗克伯爵号（Earl of Pembroke），被用于运煤。后来英国海军将它买下，让库克乘坐它进行探险并将其改名为奋进号，用来彰显该船在此次航行中的探险角色。

库克结束航行后，有人在1775年买下了奋进号，并改名为“三明治勋爵号”(Lord Sandwich)。后来它曾在美国独立战争中被英国海军使用。1778年，在阻止法国人支援美国军队的战役中，英国的5艘船在新英格兰的罗得岛被击中，其中包括这艘船。当时包括三明治勋爵号在内的13艘特许运输船与军舰一起沉没于海中。

虽然沉船的位置很可能是纽波特港，但到目前为止，人们还没有找到该船并正式确认。2018年，根据英国国家档案馆的一份新文件记载，三明治勋爵号是沉入该海港某个特定区域的5艘船只之一。后来，罗得岛海洋考古项目报告称已经将搜寻范围缩小至一到两处考古遗址，计划的挖掘工作在2019年进行。

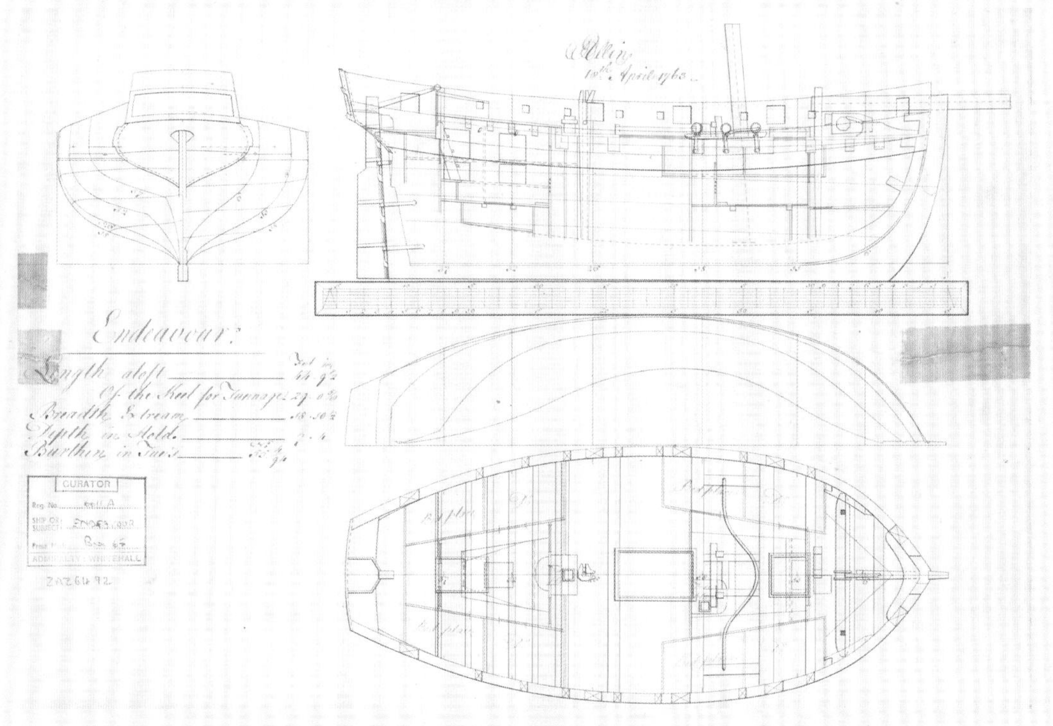

左图： 奋进号平面设计图

定位洋流

如今世界最大的洋流是墨西哥湾暖流，关于它的记录最早可追溯至1513年。当时西班牙贵族兼文艺复兴时期探险家胡安·庞塞·德莱昂（Juan Ponce de León）在波多黎各建立了一个居民点，后来西班牙王室鼓励他寻找其他新土地。于是他组织了一次探险，从波多黎各出发，前往寻找一个被当地人称为“比米尼”（Bimini）的地方；他在北美洲最东南处登陆，并将此地命名为“La Florida”（佛罗里达）。当他沿该地的海岸线航行时，他与航海家安东·德阿拉米诺斯（Antón de Alaminos）遇到了“一股水流”，尽管风力很大，但在这股水流作用下，他们不但无法前行，反而频频倒退，最后他们得出结论，这股水流的力量强于风力。此后几年里，西班牙人从南美洲向欧洲航行时就利用了这股洋流的力量，他们沿着佛罗里达海岸线向北航行，然后转向东方。但在1769年和1770年的时候，墨西哥湾暖流才被世人所知。那时，北美已经成了几个欧洲国家的殖民地。曾经担任新英格兰邮政总经理的本杰明·富兰克林（Benjamin Franklin）曾听人抱怨说欧洲寄到美国的邮件比从美国寄到欧洲的邮件慢几个星期。后来，他从自己的表兄蒂莫西·福尔格（Timothy Folger，船长兼捕鲸者）那里得知，这是因为从英国方向来的

下图： 18世纪，邮船通常航行于英国和美国港口之间。

船受到墨西哥湾流东流的阻碍。根据楠塔基特（美国马萨诸塞州南部的一个岛屿）捕鲸者提供的信息，福尔格绘制了一幅带有注解的墨西哥湾流地图。在18世纪早期，就像石油对于机械和照明行业的重要性一样，人类对鲸鱼制品的需求不断增加，新英格兰的捕鲸业开始壮大。水手观察到鲸鱼喜欢待在洋流的边缘位置活动，它们似乎不喜欢相对温暖的洋流中心。水手也常常遇到速度迅猛的洋流，有时候，前往追逐动物的小型捕鲸船很快就因急剧的洋流而与母船分离。捕鲸者们向美国船长们叙述了对洋流的了解，从而缩短他们向东航行的时间。富兰克林让人把福尔格绘制的地图做好并分发给在英国海域航行的船长，帮助他们提高航行速度。但这些船长并不重视该图，还是愿意选择路程较短，但耗时长的航线。1775年美国独立战争开始后，富兰克林将该图分享给法国人，方便他们向美国运送武器。

对页图： 富兰克林与福尔格根据捕鲸者提供的知识绘制了墨西哥湾暖流的路线。

近年来，人们观察到该洋流的海水温度较高。早在1606年，法国作家、律师和探险家马克·勒斯卡博特（Marc Lescarbot）就曾记录道：“在纽芬兰河岸东面6

左图： 本杰明·富兰克林注意到墨西哥湾暖流影响大西洋海域的航行。

倍20里格[①]的地方，我们观察了3天后发现，虽然空气和往常一样冷，但此处的海水却非常温暖。然而在6月21日，我们突然感觉被寒雾与冷气包围，海水非常冷，像是在1月份。”当富兰克林在美洲和欧洲之间航行时，他记录了特定坐标处的海水温度，并且观察到从北向南流动的洋流比从南向北流动的洋流温度低。因此他认为测量温度有助于船只在大西洋航行。他的侄子乔纳森·威廉姆斯（Jonathan Williams）也赞同这个观点，他在富兰克林最后一次航行后继续保持测量，并于1799年出版了《温度导航》（*Thermometrical Navigation*）一书。

①：里格（league）是欧洲和拉丁美洲的一种长度单位旧制，1里格＝3海里，3海里＝5.56千米。

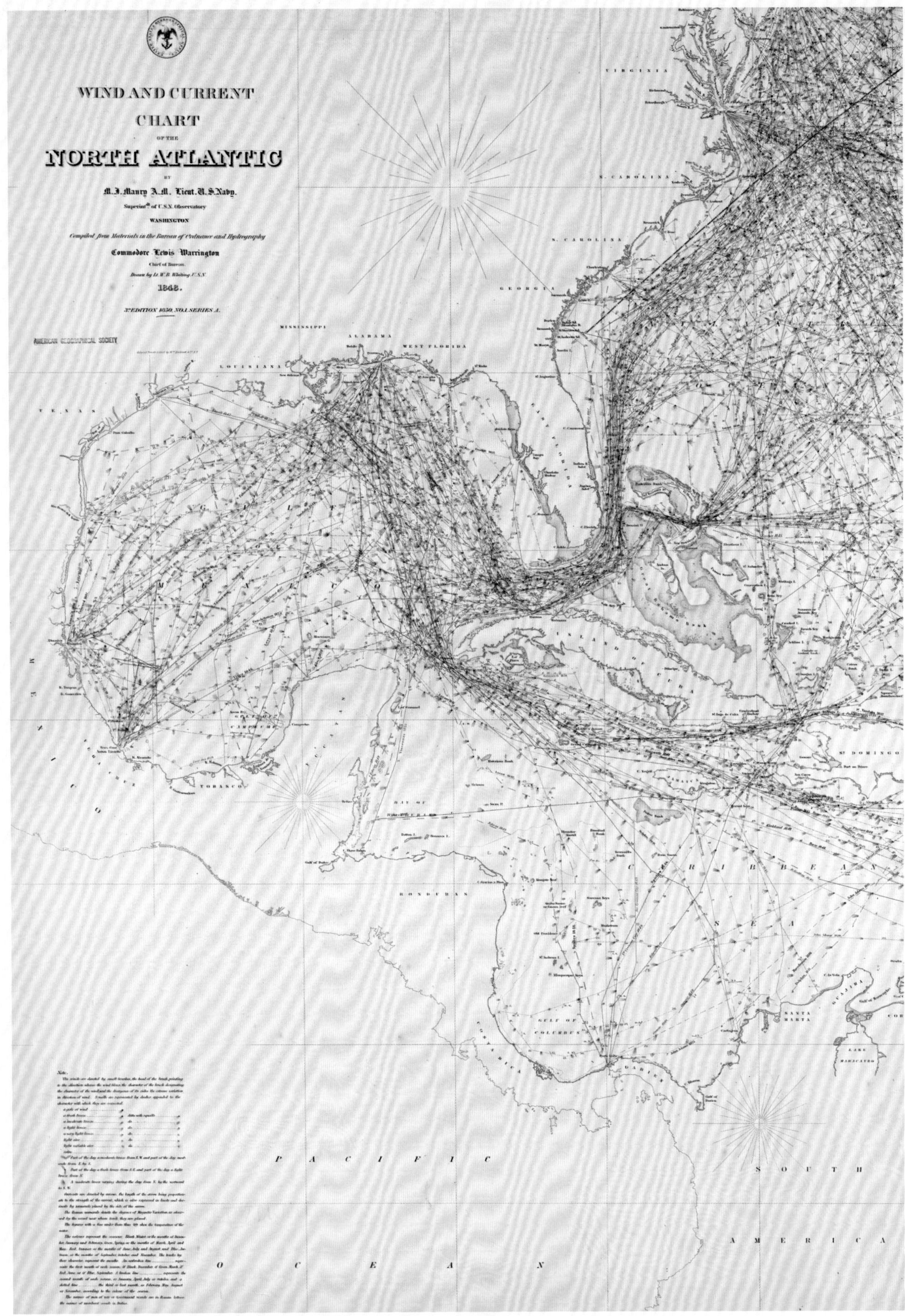

上图： 马修·方丹·莫里绘制的大西洋季风环流与洋流图。

上图：英国地理学家詹姆斯·伦内尔。

在富兰克林和威廉姆斯研究成果的基础上，两位具有开拓性精神的地理学家启发了人们对物理海洋学领域的认识。他们二人的共同之处是都借鉴了航海日志中频繁提到的洋流信息。在英国，地理学家詹姆斯·伦内尔少校（Major James Rennell）借鉴英国海军部收集的海流与天气观测资料，在退休期间绘制了大西洋洋流图，主要是墨西哥湾暖流。伦内尔去世2年后，也就是在1832年，他的研究成果《大西洋洋流以及印度洋和大西洋之间盛行的洋流的调查报告》[①]发表了。这是第一份关于墨西哥湾暖流的综合性科学报告，内容涵盖洋流的形态和变化、盛行风与洋流的关系、海洋深度和温度等信息。在大西洋的另一边，美国海洋学家、气象学家马修·方丹·莫里（Matthew Fontaine Maury）绘制了大西洋、太平洋和印度洋的季风环流与洋流图。莫里曾是美国海军海图和仪器仓库的负责人，他的数据来自存储于此的船舶日志。这些航海图对海员来说意义非凡，因为能辅助航行。有了这些信息，商船的航行时间不仅缩短了，而且还为商船经营者节省了资金。1853年，莫里促成了第一次国际气象会议，该会议旨在促进各国合作，共同收集关于大西洋的数据。莫里最重要的研究成果《海洋自然地理和气象学》（*The Physical Geography of the Sea and its Meteorology*）于1856年发表。

下图：这种帆船样式的商船在大西洋海域航行时累积了重要数据，莫里利用这些数据制作季风环流与洋流图。

①：原文标题为*An investigation of the currents of the Atlantic Ocean，and of those which prevail between the Indian Ocean and the Atlantic*。

PATAPSCO RIVER
AND THE APPROACHES
From a Trigonometrical Survey
under the direction of F.R.HASSLER and A.D.BACHE Superintendents of the
SURVEY OF THE COAST OF THE UNITED STATES
Triangulation by J.FERGUSON Assistant
Topography by F.H.GERDES R.D.CUTTS H.L.WHITING & J.B.GLÜCK Assists.
Hydrography by the parties under the command of
Lieuts.G.M.BACHE C.H.McBLAIR & R.WAINWRIGHT U.S.N. Assists.
Published in 1856
Scale 1/60,000
SAILING DIRECTIONS
In 8 fathoms, soft bottom, about 2½ miles from Thomas Pt. Lt. Ho. steer N. by E¼E. (N. 15°E.) This course passes over from 9 to 10 fathoms water until on or up with the mud bank. Westward of 4 fathoms there are Knolls.
Continue on this course passing the Lower and Upper 5 fathoms Buoys, and then deepening the water to 7½ fathoms, steer N.N.W. (N.24¾W) for the Entrance Buoy in 4 fathoms water; when up with which, the Lt.Hos. on North Pt. will be in range. If the Lights are not visible, anchor in 4 fathoms water; if visible, steer with Light Houses nearly in range, keeping them just open. Precisely in range crosses the 16 ft Knoll; nearly in range passes over 17 feet water, soft bottom. Keep the range on till up to Rock Range Buoy, when Seven ft. Knoll Lt. will bear W.S.W. Then steer W¾N. (W.5¾N.) for Lower Channel Buoy till the Seven ft Knoll Lt. bears S.E. by E. On this course (W¾N.) the Yellow Bank shows between the two White Rocks. When the Second hammock on Sollers Pt. opens clear of the Yellow Bank on Sparrows Pt. bearing N.W. (N.47°W.) run on this range, leaving Lower Channel Buoy on your Port hand, till the Gap in the Grey woods and Hawkins Pt. are in range; with this range, run to Rock Knoll Buoy. Leaving it on your Port hand, steer W¼N. (W.3¾N.) towards the Yellow Bank on the West Shore Southward of Hawkin's Pt. till Hawkins Pt. and Leading Pt. are in range; leave Sparrow Pt. Knoll Buoy on your Starboard hand on this range, till between the Buoys off Hawkin's Pt. and Soller's flats, Southward of Fort Carroll Lt; then steer N.W.¼N. (N.41°¼W.) towards Fort McHenry, keeping Lazaretto Lt. on your Starboard bow; on this course a large White house in the Woods will be in range with Fort McHenry flag staff, and the Monument open to the Northward of it; keep this range till near the Fort, passing to the Westward of a Buoy on a spit below the Lazaretto. Stand on between the Fort and Lazaretto passing to the Eastward of a Buoy on a spit making out from Fort McHenry. After passing this Buoy, steer for the centre of the City, keeping to the Southward and Westward of three Buoys on the Middle Ground. Anchor in the Basin where there is soft bottom and good holding ground.
TIDES
Bodkin Lt. Baltimore
Corrected Establishment Vh. XLIIm. VIh. XXXIIIm.
Rise of Highest Tide observed above the plane of reference 2.4 ft. 3.1 ft.
Fall of Lowest do do below do 1.6 2.2
Fall of Mean Low Water of Spring Tides below do 0.2 0.2
Height of Mean Low Water of Neap Tides above do 0.1 0.2
Mean Rise and Fall of Tides 1.0 1.3
Mean do of Spring Tides 1.3 1.5
Mean do of Neap Tides 0.8 0.9
Mean Duration of Rise } Reckoning from the middle of one 5h. 23m. 5h. 54m.
Mean do of Fall } stand to the middle of the next 7h. 08m. 6h. 33m.
The Courses and Bearings are Magnetic and the Distances in Nautical miles. The Soundings are expressed in feet and show the depth at mean low water, the plane of reference. The dotted surfaces beyond low water mark represent the bottom within the respective depths of 6.12 & 18 feet. The characteristic soundings only are given on the map. They are selected from the numerous soundings taken in the survey so as to represent the figure of the bottom.
* Rock awash at low water.
+ Sunk Rock.
Ledge of Rocks projecting irregularly above the bottom.
In the description of Buoys H.S. signifies horizontal stripes. P.S. perpendicular stripes. B. black and R. red.
PATAPSCO RIVER
OLD ROAD BAY
MAGOTHY RIVER
Ft. Mc Henry
Fishing Pt.
Leading Pt.
Hawkins' Pt.
Ft. Carroll
Soller's Pt.
Sparrow Pt.
North Pt.
Stony Pt.
Rock Pt.
White Rock
Humphrey's Cr.
Bear Cr.
Stony Creek
Rock Cr.
Curtis's Cr.
Marley Cr.
Bodkin Cr.
Upper Channel Buoy
Lower Channel Buoy
Rock Knoll Buoy
Rock Pt. Buoy
North Pt. Buoy
Sparrow Pt. Buoy

第四章

科考探索：海上科学家

随着世界海洋轮廓越来越清晰以及航海的发展，人们开始绘制海岸线和海洋深度图。达尔文解释了珊瑚礁的形成，生物学家尝试对海洋动物进行描述。英国皇家海军挑战者号（HMS Challenger）科学考察船首次探索深海的物理环境。

左图：1856年绘制的帕塔普斯科河，流入切萨皮克湾。

海岸线和深海勘察

英美地质调查人员绘制大西洋海图

18世纪上半叶，法国人发现拉普兰地区的经线比巴黎地区的经线长一度，从而证明了牛顿认为的地球不是一个完全球体，而在两极呈扁平状的理论。这为测量人员在校正地球大小、形状和重力时，能够定位和关联地球表面特征铺平了道路。到1800年，大多数欧洲国家都通过建立三角网进行“大地测量”。从此，这种大规模土地测量的方法一直保持下来，直到20世纪80年代被全球导航卫星系统取代。

随着19世纪早期航运的发展，英国和美国非常积极地绘制国内、殖民地和国外港口的海图。1795年，英国水文局成立，亚

上图：此图描绘的是特拉法加海战前，霍雷肖·纳尔逊的下属托马斯·阿特金森，即胜利号船长，他在航行中携带法国海图，因为那时英国还没有自己制作出海图。

左图：亚历山大·达尔林普，英国海军部第一个水文学家，在他的帮助下，英国的水文工作才渐渐打开局面。

历山大·达尔林普（Alexander Dalrymple）被任命为英国海军部的第一位水文学家。到那时为止，英国海军自己还没有绘制出海图，甚至由海军部资助的探险活动中产生的地图，比如库克船长的探险，也是商业地图出版商出版的。英国水文局的成立就是希望帮助英国“在全球海洋国家中取得制图的一席之地”。

达尔林普上任后开始组建海军海图图书馆。直到1800年，由英国水文局绘制的第一张地图（法国布列塔尼的基伯龙湾地图）才出版。然而，事实上托马斯·阿特金森（Thomas Atkinson）在1805年特拉法加海战爆发之前，在地中海航行时携带的地图是法国海图。他是英国海军上将霍雷肖·纳尔逊（Horatio Nelson）的下属，曾担任英国皇家海军胜利号（HMS Victory）考察船的船长。

从此之后，英国水文局加快了制图效率，定期进行调查并制定了“航行指南”（为海员提供沿海与港口地区的信息），并且还第一次向公众和商业海军提供地图。截止到1825年，英国水文局的第一份海事目录中已显示有736张海图。

很快，英国水文局就开始了系统勘察，这些探索极具商业、殖民以及战略意义。其中，著名科考勘察就包括1839年至1843年在英国探险家詹姆斯·克拉克·罗斯（James Clark Ross）与英国海军军官弗朗西斯·克罗兹（Francis Crozier）率领的英国海军探险行动（此次探险是在南半球

进行地磁观察并且定位南磁极），以及1831年至1836年，英国水文地理学家、气象学家菲茨罗伊（Robert Fitzroy）率领英国皇家海军小猎犬号（HMS Beagle）考察船对南美海岸进行的勘察。截止到1855年，海军部的海图已经增加到1981幅。

下图： 1831年至1836年，英国水文局派遣小猎犬号对南美海岸进行勘察。

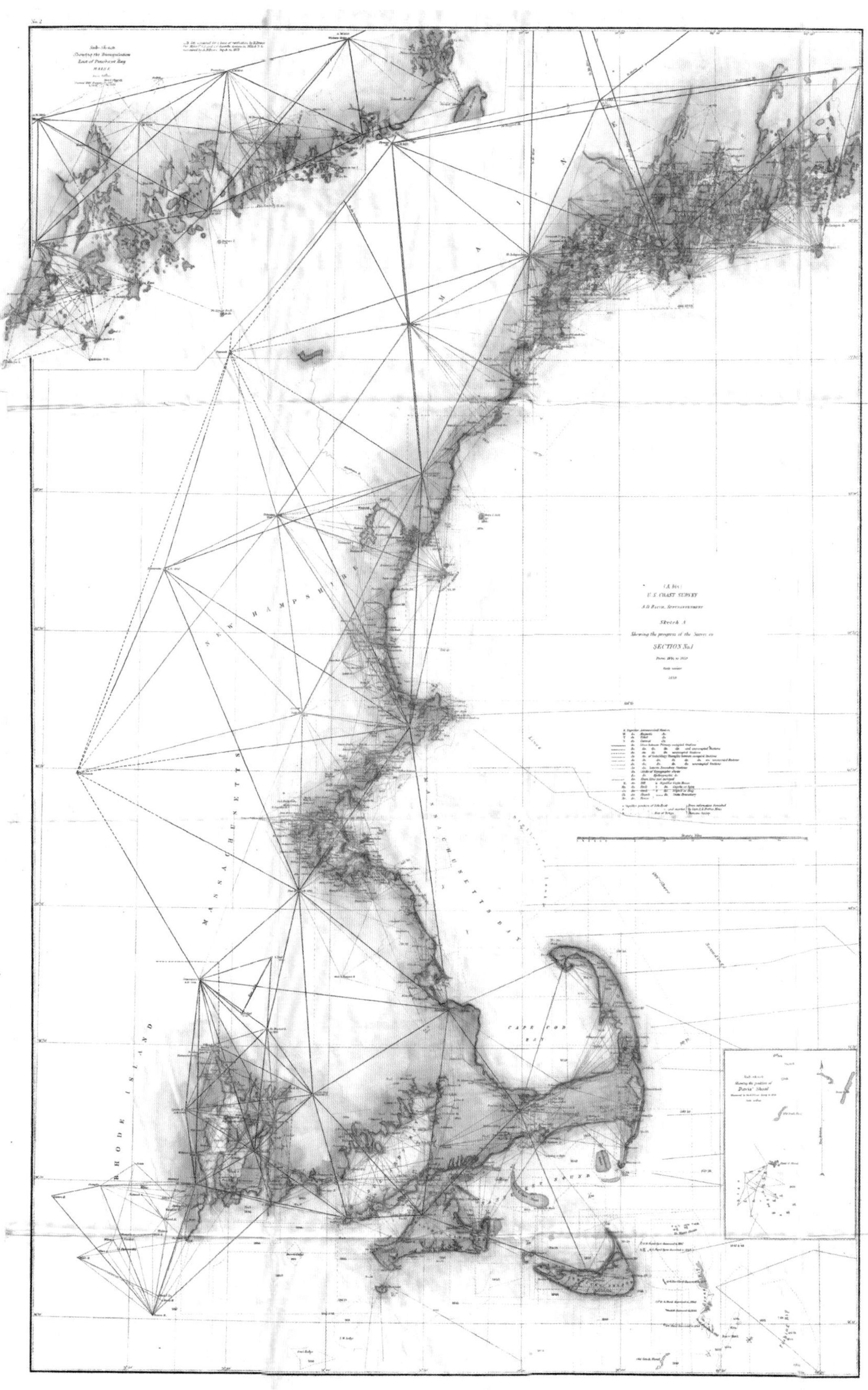

左图：三角测量定位法，美国曾用此方法调查沿海地区并制作地图，比如新英格兰海图。

对页图：这幅纽约港口图在1845年绘制，耗时2年。

在大西洋的另一端，类似的测量工作在19世纪早期也开始了。1807年，美国总统托马斯·杰斐逊（Thomas Jefferson）签署法案下令："勘察美国沿海地区指定的岛屿和浅滩、停泊处的道路与情况、美国海岸任何地区20里格以内的所有海岸、主要岬角或海峡间的路线与距离，以及其他属于上述范围并有助于绘制精确海图的事项。"

这次行动是为了提高船只运载的人员与货物的安全。那时，船难频频发生，于是美国将海岸勘察的范围从新罕布什尔州扩大到佐治亚州，也包括不久前购买的路易斯安那州领土。此项勘察行动由瑞士数学家兼测量员费迪南德·鲁道夫·哈斯勒（Ferdinand Rudolph Hassler）带头。他的目标是建立一个大地三角测量网络，并将其作为测量海岸线地形和海港及近海水域水文地质情况的框架。

勘察行动初期，获得精密仪器耽误了一些时间，所以导致调查进程缓慢，直到1816年，纽约港的勘察工作才慢慢走上正途。但是过了不久，哈斯勒就被罢职了，调查机构也由海军部接管，所有勘察活动暂停。1832年，海岸勘探局在哈斯勒的指挥下重新建立。那时，密西西比州、亚拉巴马州和缅因州等沿海各州已属于美国，美国的海岸线长达40784千米（约25342英里）。

三角测量法需要先建立一条基线，然后计算这条线的两端与第三个点形成的角度，形成一个三点已知的三角形区域。哈斯勒利用这种方法在陆地上建立了一个参考点网络。然后，他绘制了多个水位的海岸线来确定涨潮和退潮的时间和高度。他在近海用简单的加权线测量水深。起初，哈斯勒只有几个助手，但到1842年，这个组织已经有了多个陆地测量小组。

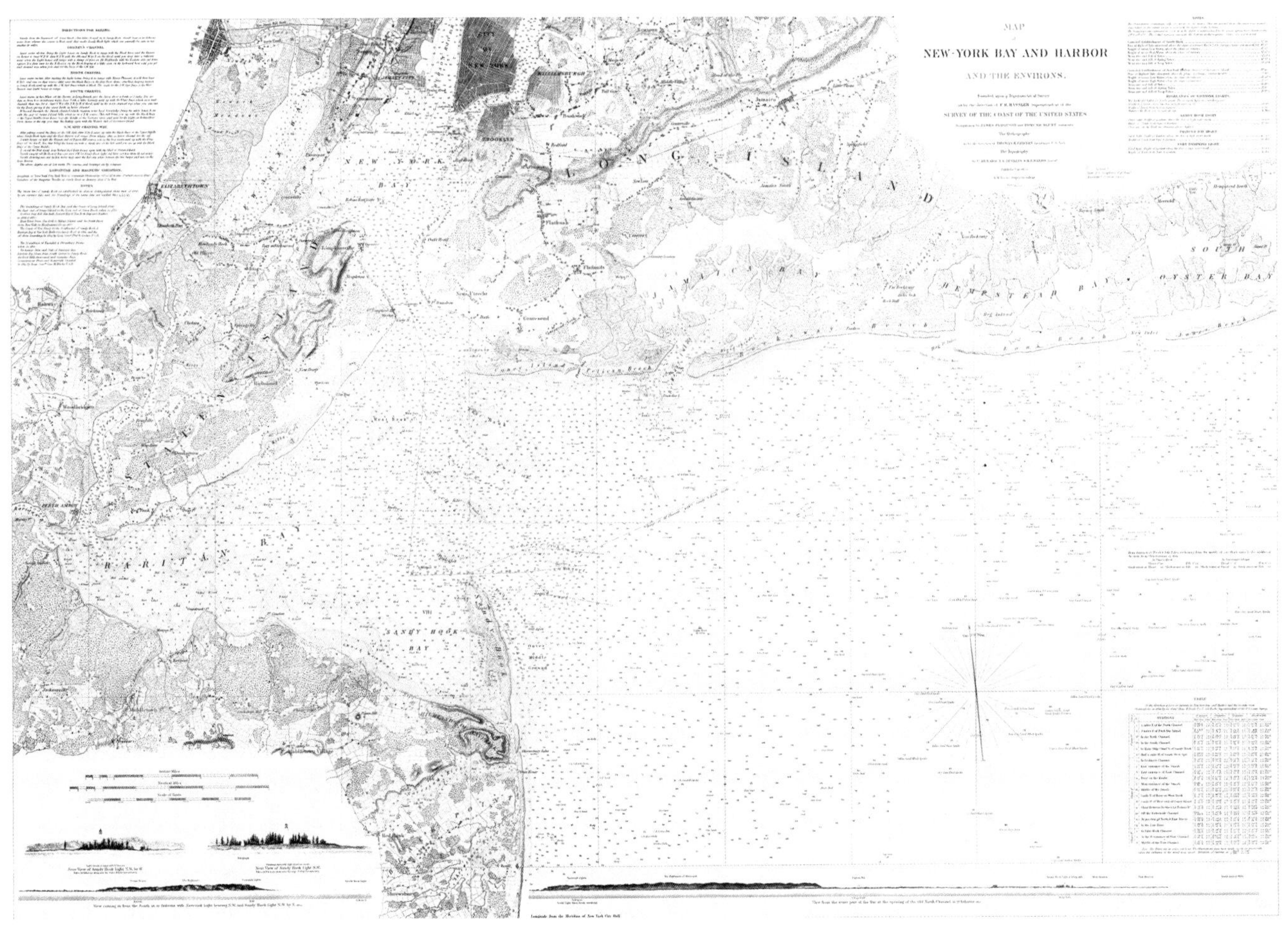

以上就是哈斯勒所做的努力，仅纽约港这一处的工作就耗时20年。虽耗时较长，但人们在这次勘察过程中发现了一条通往海港深水处的新航道，证明了这项工作非常有意义。1845年，哈斯勒去世两年后，根据此次勘察绘制的图表被发表。哈斯勒及其团队运用的测量原理为19世纪及未来的大部分海岸测量工作奠定了基础。

后来，本杰明·富兰克林的曾孙亚历山大·达拉斯·巴赫（Alexander Dallas Bache）继续进行哈斯勒未做完的工作。那时，得克萨斯州和佛罗里达州已经加入联邦（1845年），随后很快在1850年，加利福尼亚州也加入了。这些州的加入使美国领土增加了数千平方英里，包括沿太平洋和墨西哥湾的广阔海岸线。整个19世纪，广袤的土地吸引了成千上万的欧洲人移民到美国。许多人都受益于《宅地法案》(*Homesteader Act*)，该法规定任何愿意耕种5年的人可免费获得160英亩土地。1840年，美国人口超过1700万，1860年超过3100万，1900年超过7600万。

人口不断增长为美国的工业革命的发展以及煤炭、钢铁等行业提供了丰富的劳动力。各个城市，包括沿海地区不断发展；新奥尔良迅速发展成为世界第四大港口。海上贸易和新技术的进步也促进了世界第一艘快船以及后来轮船的出现。远洋航行的速度越来越快，加速了全球人员与货物的流动。

巴赫克服了国家海岸线不断发生变化给勘测造成的挑战。在他任职最初的4年里，将勘察范围从9个州扩大至16个州，并将勘察内容扩大到地球物理方面。巴赫受其曾祖父的影响，开始研究墨西哥暖流的特点，研究的方面有温度、深度、底部特征、水流的方向与速度以及水中生物等。随着潮汐预测科学的发展（参见下一页内容），他建立了潮汐站，并在1855年出版了第一份潮汐表。到1867年巴赫去世时，他建立的部门已经成为世界上最重要的土地勘察机构之一。

上图： 图示为新奥尔良港，自从移民者到达美国开始新生活，像这样的港口便迅速发展起来。

测量并预测潮汐

几千年来，人们一直在思索潮汐运动产生的原因，以及如何测量并预测潮汐。大约在公元前300年，希腊天文学家和探险家皮西亚斯最早注意到每天会发生两次潮汐运动，并且潮汐的涨幅取决于月相。

后来，1687年，艾萨克·牛顿意识到潮汐运动是万有引力引起的。这让自然哲学家利用数学来解开复杂的潮汐之谜。18世纪末至19世纪初，法国数学家和天文学家拉普拉斯侯爵皮埃尔-西蒙（Pierre-Simon，Marquis de Laplace）在此方面做出了巨大贡献，他运用数学将潮汐分为三种类型：长周期（周期超过一天的重力潮汐）、全日潮和半日潮（周期为一天或少于一天）。奠定了潮汐理论的基础。19世纪，勘察工作有所进展，勘察过程中所记录的潮汐高度和时间都对后来的研究奠定了基础。

一旦科学家完全掌握潮汐运动背后的复杂数学原理，包括“地球潮汐”的影响，他们就能够创造出第一台潮汐预报机。基于调和分析（也称为谐波分析）的原理，由谐波常数代表的潮汐（长周期、全日和半日）组成混合潮汐，这些基本上类似计算机模拟海潮涨落。1872年至1964年间，英国、美国和德国发明了各种机器。

1944年诺曼底登陆时，根据一台潮汐预报机预报的信息，盟军利用异常高涨的潮汐，驾驶登陆艇安全越过坦克陷阱和其他障碍物。德国人设置这些障碍物是为了迫使敌军降落在较低的海滩，以便狙击手更容易瞄准。从1965年起，数字电子计算机取代了潮汐预报。如今，任何人打算在海滩上度过一天，都可以花几秒钟上网查看涨潮与落潮的时间。

上图： 一台潮汐预报机。

左图： 诺曼底登陆日巧遇异常高涨的潮汐。

揭开深海的神秘面纱

19世纪初，全世界的海岸线与浅滩逐渐成为人们关注的焦点，但是深海仍然是神秘之地。欧洲人普遍认为深海非常空旷，没有特色，属于文明的对立面。然而，到了19世纪中叶左右，海滨开始成为人们思索和娱乐的好去处。移民、海事工作者、旅行艺术家和作家也在讲述自己的航海经历，因此人们开始渐渐关注深海水域。

人类最早系统记录的海洋深度是在极地航行的过程中。约翰·罗斯爵士（Sir John Ross）在1817至1818年探险北极海路（即所谓的西北航道）时记录了1830米（约1000英寻）的深度；后来，1840年英国海军探险时，约翰·罗斯的侄子詹姆斯·罗斯（James Ross）测量了4435米（约2425英寻）和4896米（约2677英寻）的深度，这两次测量到的海水深度都没有超过7315米（约4000英寻）。

对页图：约翰·罗斯爵士，探险家，最早在北极地区记录海洋特征。

下图：1839年英国海军探险中使用的英国皇家海军幽冥号（HMS Erebus）和惊恐号（HMS Terror）考察船。詹姆斯·罗斯就是在这些船上记录了4896米（约2677英寻）的海洋深度。

美国在1830年建造了海图和仪器仓库，负责管理海军部的计时器、海图以及其他导航设备。1842年，马修·方丹·莫里接任海图和仪器仓库主管，他找到个机会，对近海水域较深的地方进行勘察，此次勘察的深度范围要大于美国海岸勘察。根据莫里的说法：“水手称之为‘蓝水’的海洋底部就像太阳系中的其他行星一样未知。”

早期，莫里的工作关注更多的是“排查浅水区”而不是绘制深度图。因为在深水区航行的海员经常报告海水中有“不明险礁”、暴露的岩石或浅滩，影响航海安全。于是莫里便派水文学家前去检查，确定它们的位置或证明它们不存在。确认海域里不存在浅滩能帮助人们在曾被视为危险区域的海域开辟新航线。

后来在1853—1856年，莫里支持了在北极和太平洋地区调研的北太平洋探险队，在这次探险中，约翰·默瑟·布鲁克（John Mercer Brooke）发明了一种可拆卸的水深测量装置，可以提取海底样品，他在太平洋地区首次尝试深度探测，并探测到3658米至5486米（2000到3000英寻）的海水深度。在这个过程中，海洋动物学家威廉·史汀普森（William Stimpson）收集并研究了鱼类和海洋无脊椎动物。

然而，该探险队从未发布官方科学报告，原因可能是人们还未就深海及生存其中的生物形成统一的研究领域。但是鲁克发明的水深测量器被美国和英国的水文学家采用了。从此之后，收集海底样品和深度测量的做法也被广泛采用。

海底电报的发展为进一步研究深海区域提供了商业与政治刺激。早在1839年，人们就开始讨论铺设一条横跨大西洋的电缆。到了1851年，第一条连接法国与英国之间

右图：植物学家威廉·史汀普森对北太平洋探险中的鱼类和海洋无脊椎生物进行描述。

May 1854.
Hong Kong - China 135

we stood over toward Loou-koo. On the way a few hauls of the dredge were made, without however taking enough to ballast the bag-net. The bottom seems too soft to support animal life to any great extent. Beside a large spinous Cardium, the only noticeable species taken was a Eunice, inhabiting a tube provided with long spine-like processes on its upper portion, which may serve to render its position in the soft matrix more firm. This worm had much longer antennae than I have ever seen in a Dorsibranchiate, and these probably come into play in the formation of the processes. The accompanying sketch represents this tube. We frequently passed small buoys to which a staff and flag were attached, and which, we learned from our pilot, indicated the places where the lines of the fishermen were sunk. These lines are provided with a plurality of hooks, and the fish caught with them resembles very much our "menhaden" and "Alewife"

的海底电缆被建成并投入使用。随后几年，人们在欧洲和斯堪的纳维亚半岛之间铺设了多条海底电缆。

然而，这些都没有达到连接整个大西洋的规模。1857年，工程师们首次尝试在美国和欧洲

右图： 1857年，工程师们首次尝试在大西洋铺设电缆，该工程耗时9年才胜利竣工。

之间铺设电缆，于是全世界最长的海底电缆就诞生了，它长177千米（约110英里），深约548米（约300英寻）。要想让电缆跨越整个大西洋，需要的电缆长度是3200千米（约2000英里），并且要被铺设在深4572米（约2500英寻）的水中。

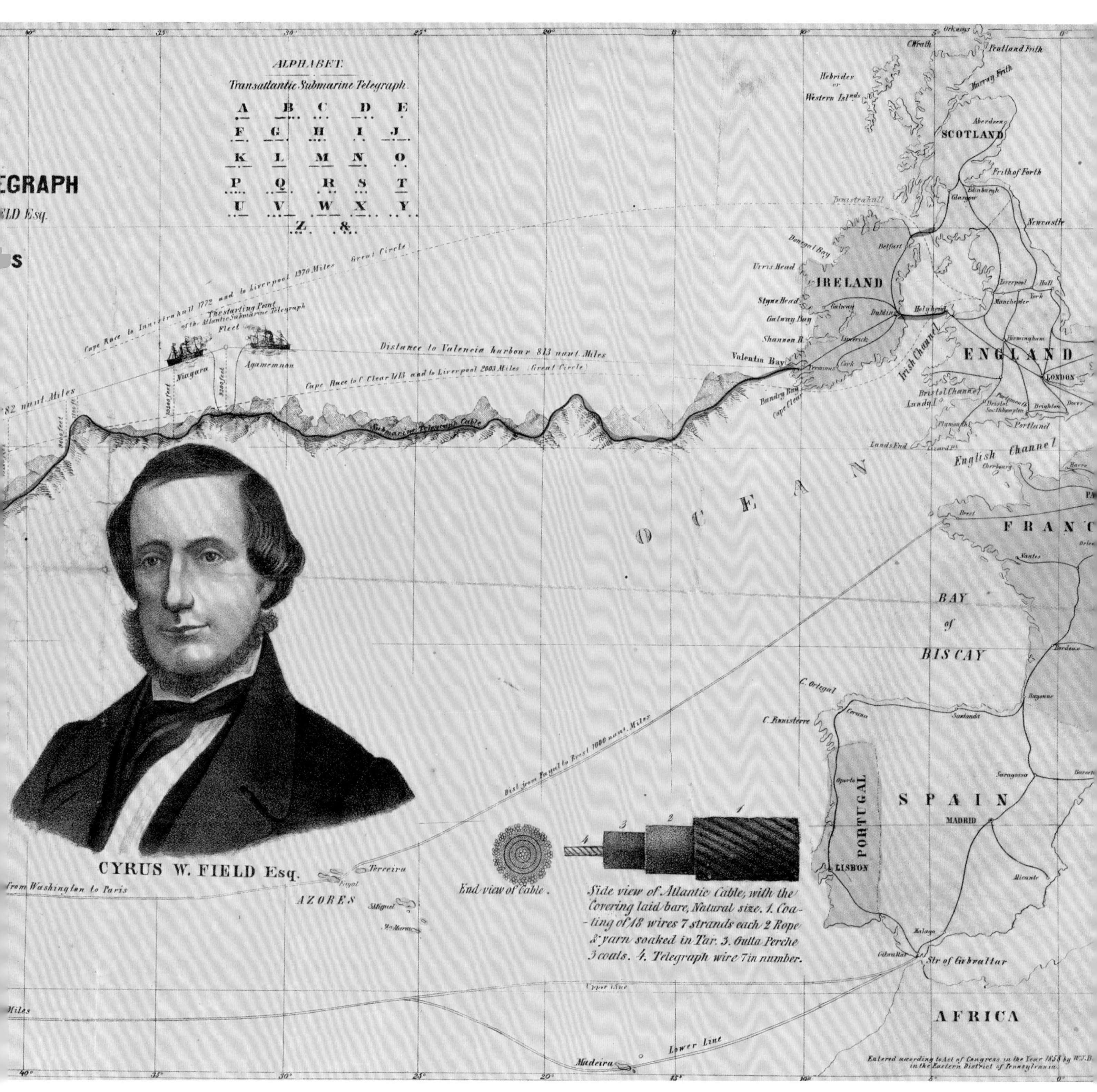

史无前例的海底电缆

1866年铺设的跨大西洋电缆，其核心由7股扭曲的铜线组成，外面涂有防水胶，并且用4层杜仲胶（一种从热带帕拉金树的树液中提取的惰性和非导电性乳胶）密封。这个核心被防腐剂浸泡过的麻绳包裹，然后再用同样浸泡过防腐剂的钢丝绳包裹。

现代电缆大多由涂有彩色塑料的玻璃纤维构成，外层裹有一层类似凯夫拉纤维的保护层，例如谷歌公司（Google）在其电信基础设施中使用的电缆就是这样的。因为曾有报告说鲨鱼会攻击水下电缆，所以坚固的外层非常重要。

如今，正在使用中的海底电缆大约有430条，总长110万千米（约683508英里）。尽管当今本地无线网络的发展让物理基础设施看起来不是很重要，但事实却并非如此。实际上，各大洲99%的电信业务，包括数据、文本、电子邮件和电话都是通过海底电缆进行传输的。

2018年，一条新的被命名为“潮汐电缆”（Marea cable）的跨大西洋电缆在美国弗吉尼亚海滩和西班牙毕尔巴鄂之间开始运行。经试验发现，这条电缆中的8对光纤电缆的平均传输速率为9.5 TBps（每秒兆字节），其中有一条达到了26.2 TBps。该电缆是西班牙电信公司铁塔资产（Telxius Towers）、脸书（Facebook）和微软公司（Microsoft）合资铺设的，是为了支持日益增加的云连接需求。

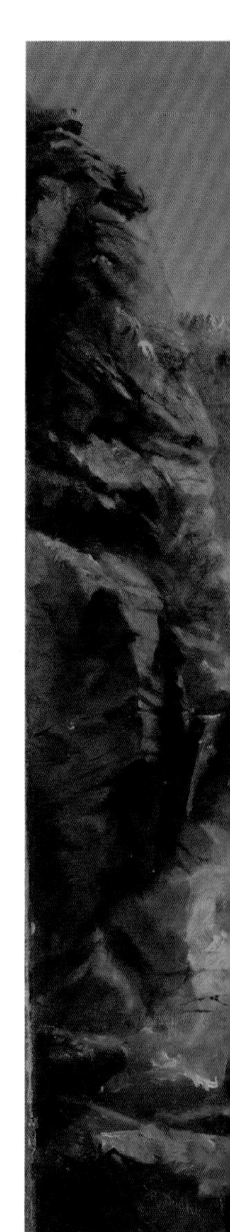

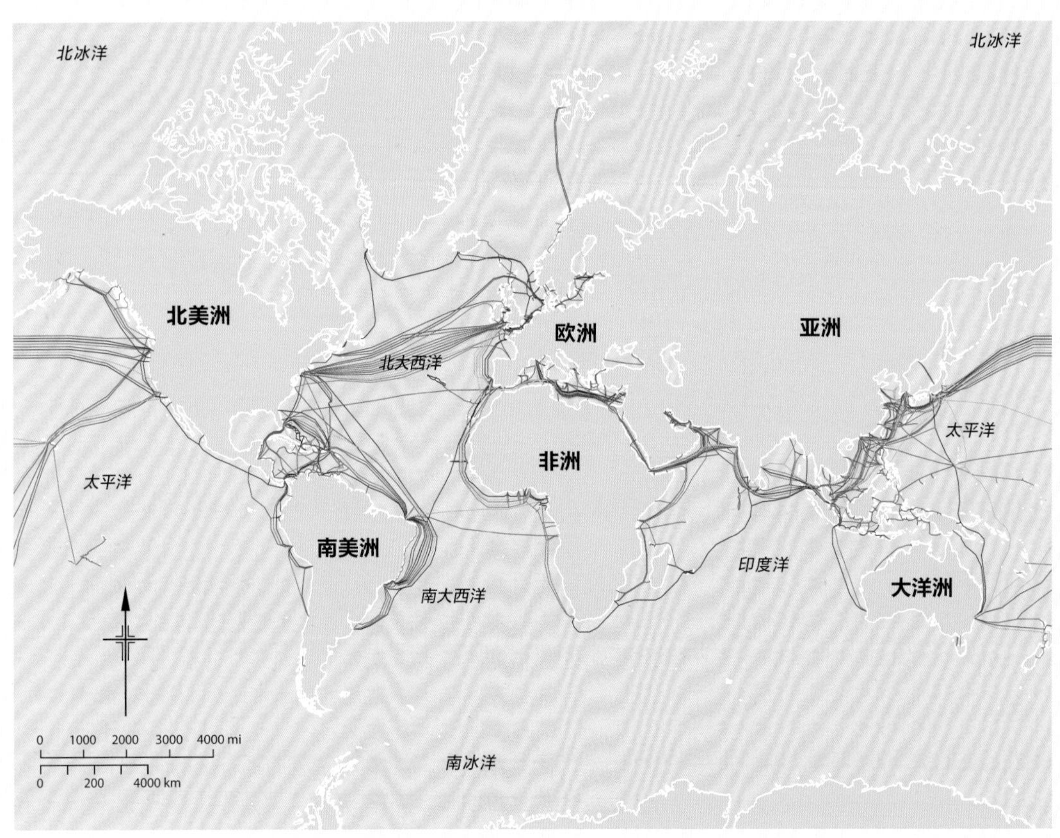

上图： 此图于2019年制成，展现了正在运行中的海底电缆。

上图： 1866年，人类成功铺设第一条跨大西洋电缆，它的一端是在爱尔兰海岸。

人们在爱尔兰与纽芬兰之间铺设电缆时，第一次尝试因为电缆断裂而宣告失败。第二次的尝试于1年后进行，一开始成功了，但1个月后又失败了。第三次尝试是7年后，也没有成功。直到1866年才最终成功。此次电缆的铺设工作是在当时世界上最大的海上轮船“大东方号”（the Great Eastern）上进行的，铺设范围是在爱尔兰瓦伦蒂亚岛、加拿大和纽芬兰之间。

电报技术自首次尝试以来就在不断发展。1858年，第一封含有509个字母的电报耗时超过17小时才传输完成，但到了1866年，电报每分钟可以传输8个单词。这就说明在欧洲和北美地区的人们几乎可以实现同时交流。

随着电报技术和铺设方法的改进，海底电缆的数量也越来越多。20世纪初期，世界多处都通过海底电缆建立了联系。如今，政府、企业和公众的信息可以迅速被传播。自1875年电话发明后，电话线也开始通过海底电缆连接大陆。在20世纪80年代末，第一条跨洋光缆被成功铺设。如今，约有430条海底电缆将世界各地连接起来（参见对页框内文字）。

经受住时代考验的达尔文的珊瑚礁理论

查尔斯·达尔文还未通过《物种起源》一书发表进化论观点的几年前，曾提出另一个同样影响深远的假说：珊瑚礁形成假说。1842年，达尔文出版了自己的第一本科学著作《珊瑚礁的结构和分布》(*The Structure and Distribution of Coral Reefs*)，在其中他阐述了对珊瑚的看法。在1831年至1836年，达尔文乘坐英国皇家海军小猎犬号科学考察船航行，通过沿途观察，他思索了珊瑚礁的形成。当时，达尔文对珊瑚礁形成的看法与当时最流行的珊瑚礁形成理论有着天壤之别，在19世纪引发了诸多争论。但是到了20世纪50年代初，达尔文的理论被证明基本是正确的。

达尔文在小猎犬号上曾仔细地阅读过英国地质学家查尔斯·莱尔（Charles Lyell）所著的《地

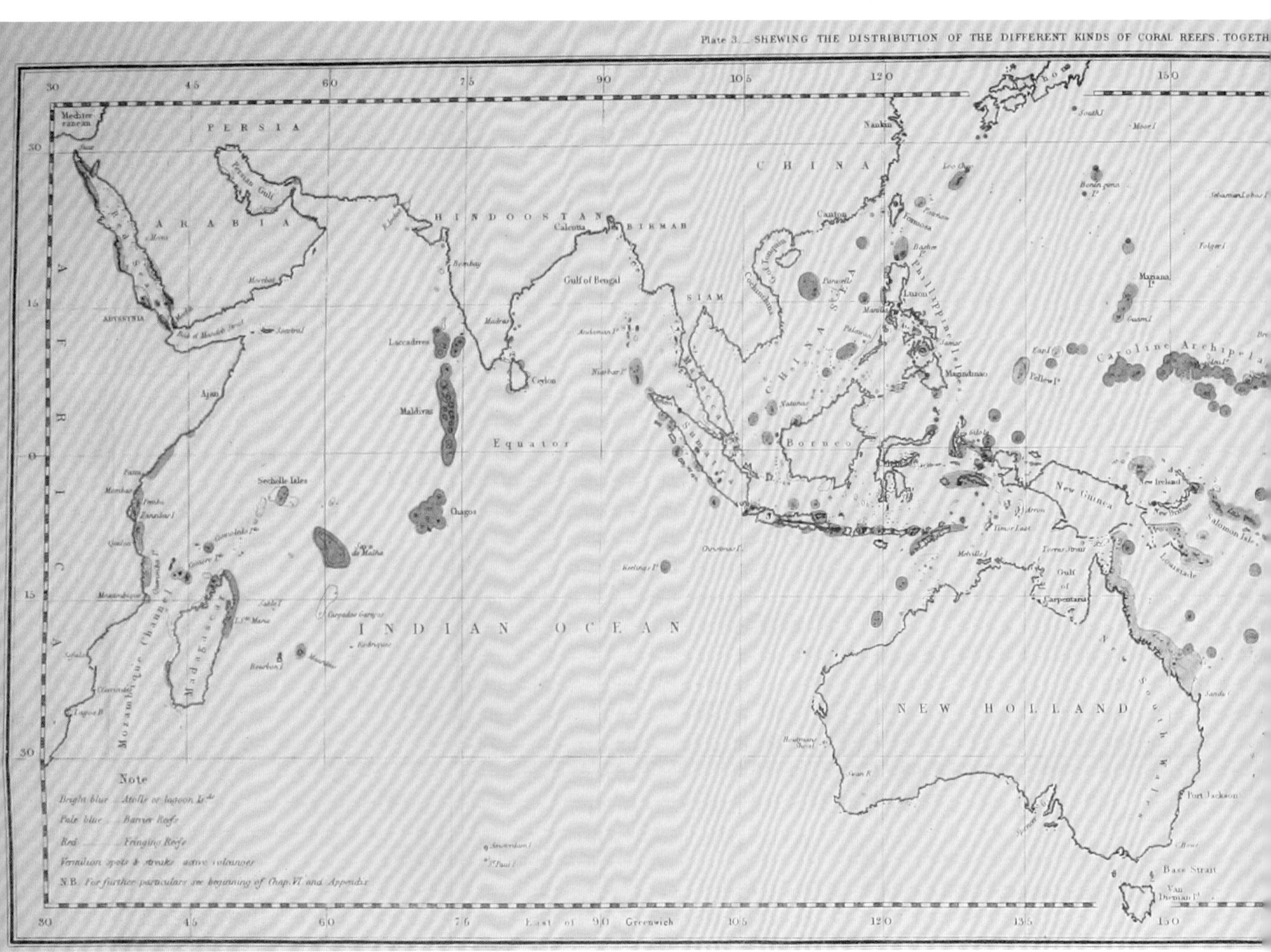

上图： 1842年，查尔斯·达尔文制作的地图展示了太平洋与印度洋海域珊瑚礁和活火山的分布。

质学原理》(*Principles of Geology*）的前两卷。他很欣赏莱尔的自然观，莱尔不认同地球是由上帝发动灾难性事件形成，主张地球的特征是随时间推移在稳定持续的自然过程慢慢形成的。达尔文乘坐小猎犬号沿智利海岸向北航行时，曾目睹了当时发生的地质活动，所以更坚定地认同莱尔的观点。1835年1月，他亲眼看到奥索尔诺发生火山爆发，1个月后，又亲身经历了一场大地震。

然而，达尔文并不认同莱尔所认为的珊瑚在太平洋区域的形成过程。莱尔在《地质学原理》第二卷中提出了当时被广泛接受的珊瑚形成理论，即“潟湖岛（珊瑚环礁）是海底火山的顶部，火山口的边缘和底部都长满珊瑚”。科学家已经知道造礁珊瑚只能生存在浅水区。莱尔的这个理论认为珊瑚礁生长在海底火山靠近海面的地方，并且珊瑚礁呈环状，上升的海底火山也为太平洋海域珊瑚礁的形成提供了地方，否则珊瑚无法在太平洋这片深海水域生长。

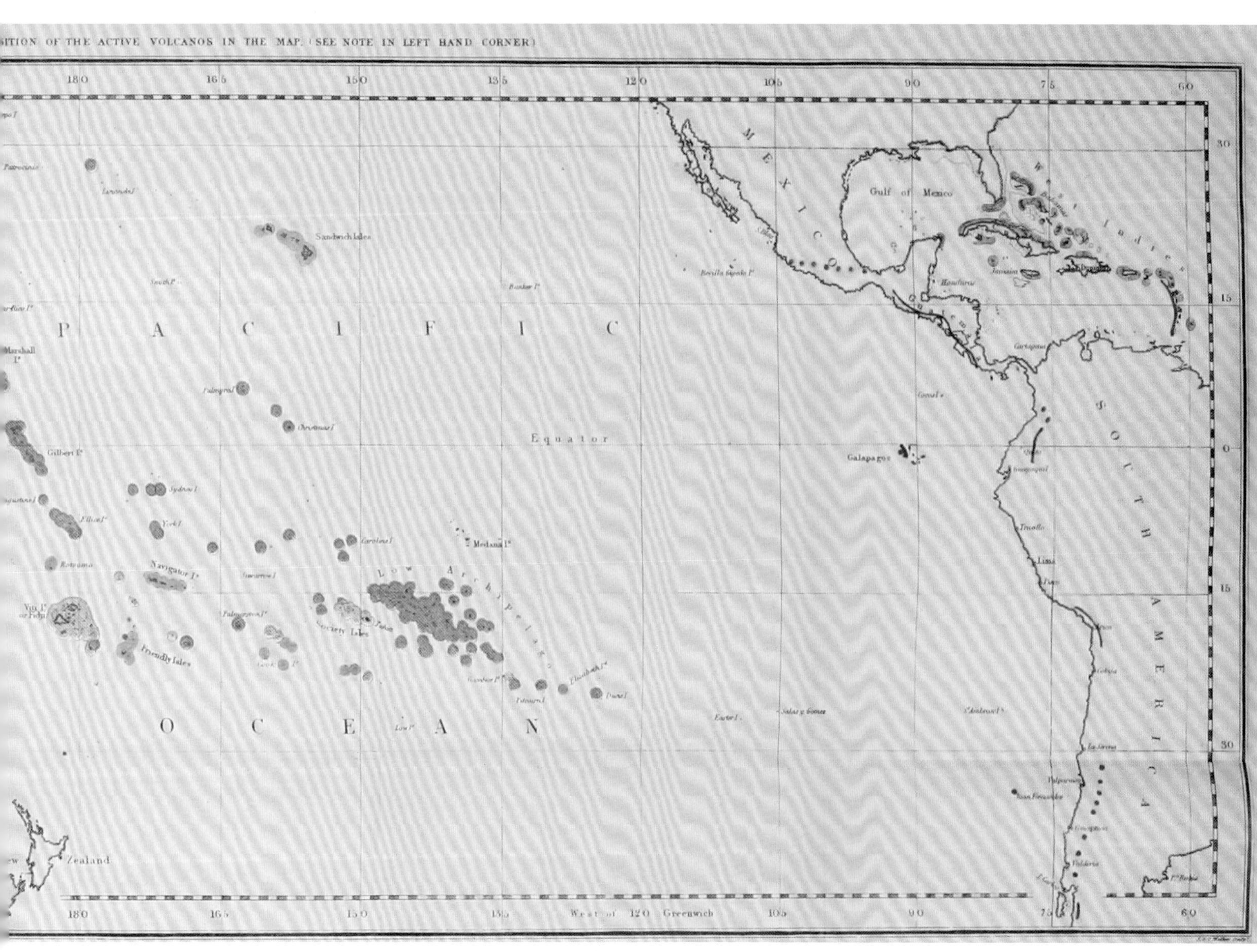

上图： 地质学家查尔斯·莱尔曾提出珊瑚礁进化假说，但后来被达尔文提出的理论替代。

达尔文在穿越南美洲西海岸的时候，甚至还没亲眼见过珊瑚礁之前，就在珊瑚礁形成问题上提出了另一种看法。地震发生时，他亲眼看到软体动物、藤壶和其他海洋生物被震出水外。并且他在不同地方、不同高度也看到了贝壳和珊瑚，最高的地方是海拔3660米（约12000英尺）的安第斯山脉。于是，他得出结论："伴随地震或由地震，以及海洋火山引发的连续小的升起使陆地升高"，并且他还认为引起这些运动的原因是地壳下的熔融岩石。

达尔文推断，他在陆地观察到的隆起可能弥补了海洋的下沉，他认为这就能解释珊瑚礁的位置和外观。他同意活的造礁珊瑚只能生活在浅水中，并且它们的存在似乎与海底山或水下火山有关。但是，达尔文假设，随着珊瑚礁生存的陆地慢慢下沉，珊瑚礁逐渐呈现出不同形态。最初，裾礁岸礁生长在岛屿的海岸周围。当它赖以生存的陆地慢慢下沉时，一个很深的潟湖就会将礁石与海岸分开，于是堡礁就形成了。当岛屿完全沉没时，包围着一个深潟湖的环礁就形成了。

当小猎犬号向西航行跨越太平洋到达塔希提岛，然后到达印度洋的科科斯（基灵）群岛时，达尔文终于可以近距离观察珊瑚礁和环礁。仔细观察了它们的结构后，达尔文更加坚定了自己的观点。有关科科斯群岛，他写道："我很高兴我们造访了这些岛屿，这些珊瑚构造在世间的神奇地质构造中名列前茅。它们并非一开始就能让人眼前一亮的地质奇观，而是经过理性观察之后的深思熟虑。"他还提到了太平洋上的岛屿，包括塔希提岛和艾美欧岛，他说道："潟湖岛是无数个微小建筑师筑造的纪念碑，标记慢慢沉入海洋深处的陆地。"

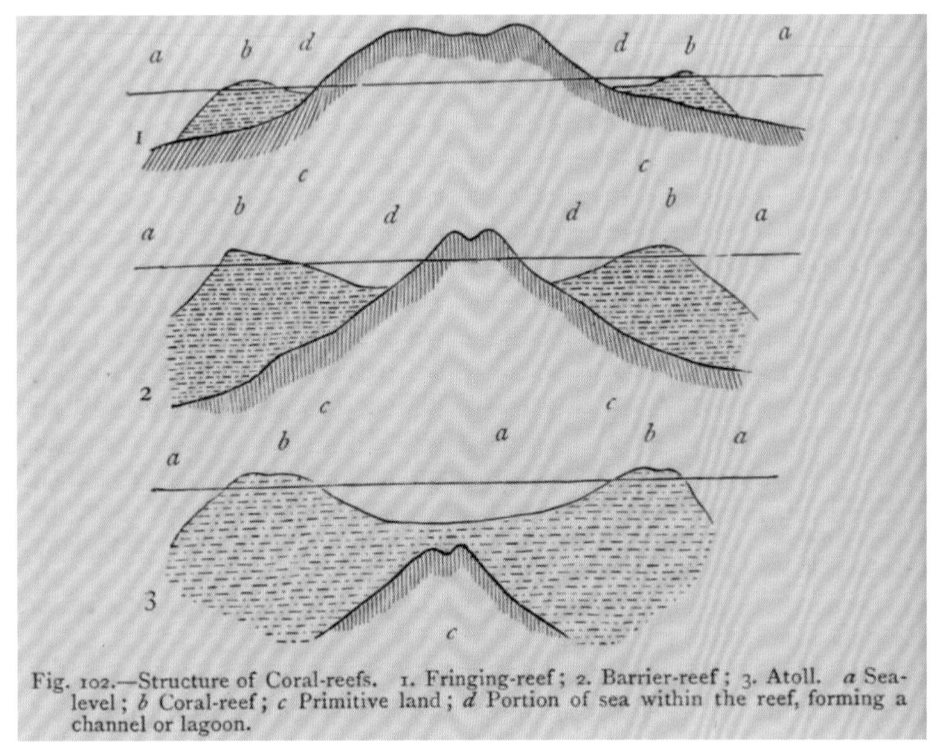

上图： 达尔文提出的珊瑚礁形成理论。

1836年，达尔文刚回到英国不久就把这个理论告诉了莱尔，莱尔很快就认可了这个理论，并且摒弃了自己曾提出的珊瑚礁生长在从海洋中升起的火山上的观点。很显然，如果珊瑚生长在从海中升起的物体上，那么该物一旦离开水面，珊瑚很快就会死亡。但是在慢慢下沉的陆地上，活珊瑚可以在古老的珊瑚地基上向着光线生长。达尔文在伦敦地质学会（Geological Society）上读了自己的理论摘要，并出版了专著《珊瑚礁的结构和分布》，他的这个理论赢得了其他著名科学家的青睐。到1850年，人们普遍接受了这个假设，但在19世纪后期，其他理论出现后，人们又开始争论了起来。

从达尔文发表这个假说直到这个假说被科学证实，大概一个世纪过去了。20世纪50年代早期，美国政府在马绍尔群岛上一个遥远的珊瑚环礁处进行核弹测试之前，先对其核心进行钻孔。地球物理学家钻了1280米（约4200英尺）后发现了绿色的火山玄武岩地层，也就是珊瑚基底。科学家检测了珊瑚最底层的形成时间，发现它已经生长了3000万年，在火山慢慢下沉的过程中，珊瑚一寸一寸地向着光线的方向往上生长。达尔文的理论是正确的。

下图： 1950年，科学家勘察了比基尼环礁后，证实了达尔文的珊瑚形成理论。

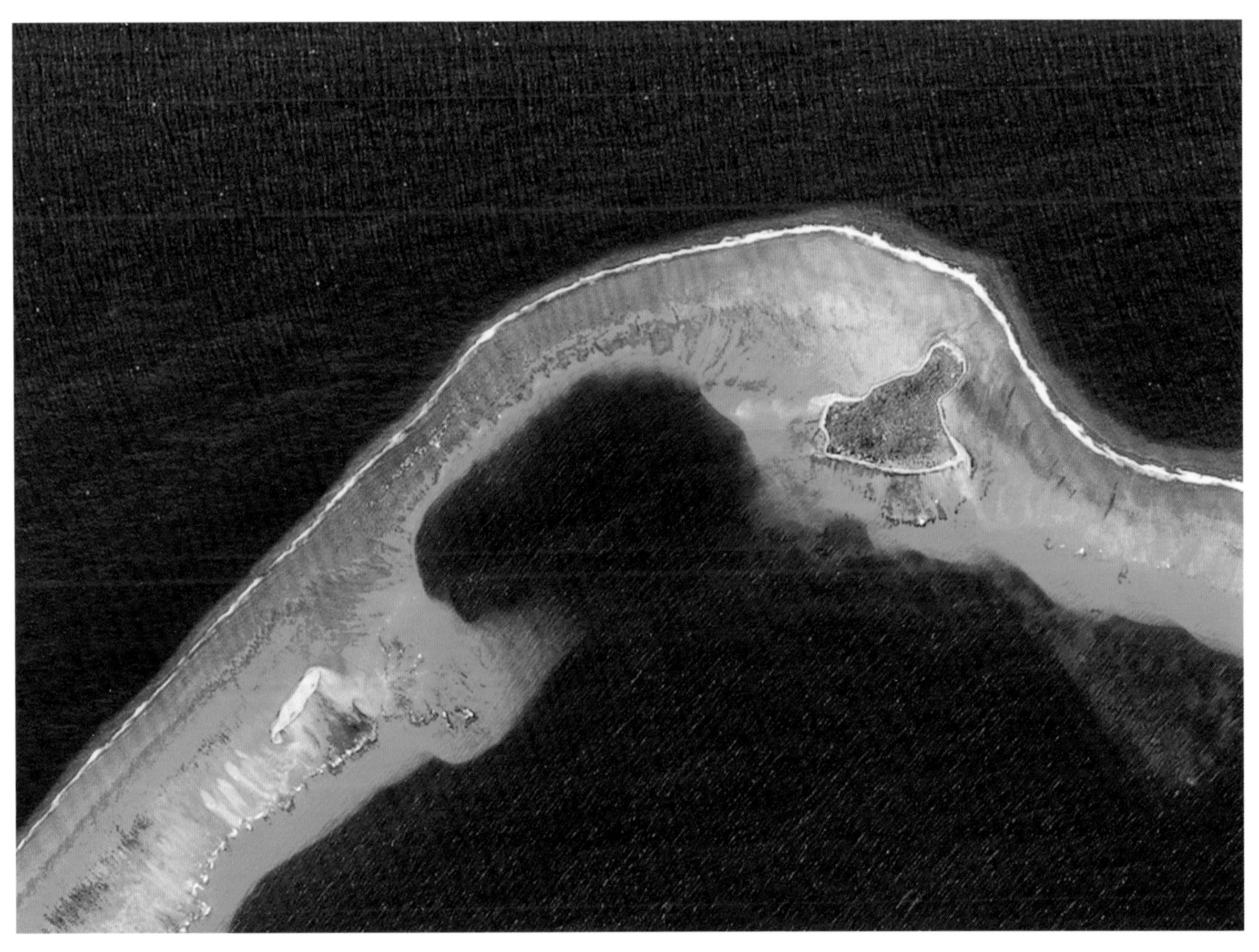

探寻海洋生物的奥秘

直到19世纪中期，人们对海洋深处栖息的生物了解甚少，虽然那时有很多人从事海事工作，曾因移民或娱乐体验过海上航行，但人们很少有进行海底生物调查的机会。然而，随着数千年来渔民们对海洋生物的了解，自然学家对海滩与浅海的探索，再加上科学家对从疏浚拖船和深海处获得的生物进行的研究，海洋生物的知识库被渐渐充实。

1841年，著名的英国博物学家爱德华·福布斯（Edward Forbes）乘坐英国皇家海军灯塔号（HMS Beacon）调查船考察了希腊与土耳其附近的沿海水域。他与船上的科学家合作，在深421米（约230英寻）的深度进行打捞。发现在海洋越深的地方，动物越少。于是他通过推断，得出的结论：“549米（约300英寻）以下不可能有海洋生物的存在。”他在1843年发表了《爱琴海中的软体动物与辐射动物报告》（*Report on the Mollusca and Radiata of the Aegean Sea*）一文，在其中阐述了自己的理论。在文中，他确定了8个深度确定且有生命存在的区域。

上图： 英国博物学家爱德华·福布斯曾认为海洋549米以下没有生命存在。

深海压力很高、温度很低并且漆黑一片，所以没有生命存在似乎是个合理的想法。很快，大多数博物学家表示认可福布斯的观点，尽管曾有早期探险报告中提到了这个界线以下曾有生物存在（包括1761年人们在加勒比海观察到的深海标本，以及罗斯在1817年至1818年探险时从深海中捕获的篮状海星）。直到1860年，一条连接撒丁岛和阿尔及利亚的电报电缆发生故障，人们把这根电缆从海底拔出，发现上面附着大量海洋生物，这才改变了人们对海洋生物的看法。属于佛手珊瑚属的珊瑚的基底覆盖在电缆的底部，证明这种生物长期生活在2195米（约1200英寻）的深海处。

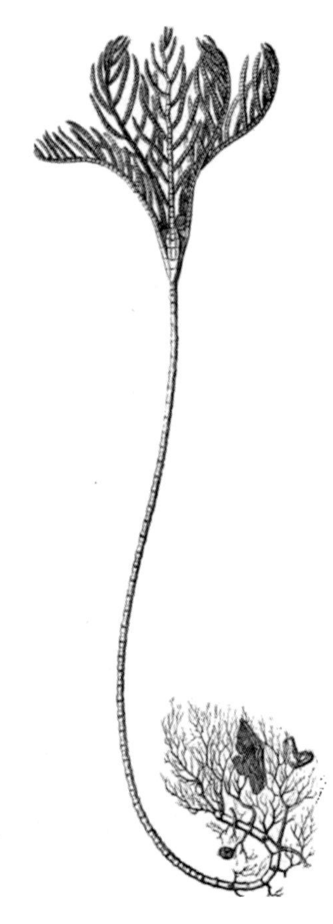

右图： 1866年之前，海百合只存在化石中。

上图： 此图是爱德华·福布斯绘制的海洋生命的地理及垂直分布。

毫无疑问，这个证据证明了深海有动物存在，也让科学家想了解更多的情况。这一时期对拓展深海生命知识做出巨大贡献的是一名挪威渔业监管员，耶奥格·奥西安·萨尔斯（Georg Ossian Sars），他将自己在823米（约450英寻）深海处发现的各种动物编纂成了一份报告。其中有个发现吸引了科学家的注意。1866年，萨尔斯在罗浮顿群岛附近549米（约300英寻）深处挖出了一个带柄的海百合，在这之前，它只存在于化石记录中。那时，达尔文刚发表了以自然选择为特点的进化论不久，科学家认为深海可能是“活化石”的储藏地。

上图： 查尔斯·威维尔·汤姆森对开启海洋探索做出了贡献。

苏格兰博物学家和海洋动物学家查尔斯·威维尔·汤姆森（Charles Wyville Thomson）也受萨尔斯启发。他让同事廉·本杰明·卡朋特（William Benjamin Carpenter）帮忙说服英国海军部，支持自己进行一次新的深海生物考察。卡朋特曾经是生理学家，后来成为海洋动物学家和英国皇家学会理事会成员。他给卡朋特的信中写道："萨尔斯得到的样本无疑证明了水深366米（约200英寻）到549米（约300英寻）的区域存在大量海洋动物。"收到来信后，卡彭特立即给英国皇家学会的领导写信，于是英国皇家海军资助了汤姆森考察经费与英国皇家海军闪电号（HMS Lightning）科考船。

此次探险虽然遭遇"恶劣天气"并且船只漏水。但在1868年，闪电号耗时6周成功在设得兰群岛和法罗群岛之间的水域进行捕捞工作以及海水温度测量。此次成功离不开新型探测技术的帮助，科学家用一台蒸汽机外加印度橡胶蓄能器构成的设备进行操作，防止船只在波涛汹涌的海面上测量时测量线。这次探索的深度是1189米（约650英寻），大约是以前探索的2倍，从海洋中收获了大量种类多样的海洋标本。此外，科学家还发现海水水温并不像人们想象中的那样随着纬度的变化而变化，不同深度的海水温度也不同。此次探险的结果非常鼓舞人心，于是海军部同意继续支持英国皇家海军豪猪号（HMS Porcupine）科考船接下来为期4个月的探险。

这次探险的重点是海洋生态和海洋物理两个方面。1870年，勘察人员首次成功从海深2699米（约1476英寻）处捕捞出了包括软体动物、有柄类甲壳动物和海参在内的海洋生物。接着，他们决定在附近更深的地方进行第二次捕捞工作，即在法国阿申特岛西部的比斯开湾水深4572米（约2500英寻）的地方。科学家用拖捞网在4453米（约2435英寻）深处捞出的沉积物里含有抱球虫的新壳和其他大量动物。很显然，深海为生命存在提供了有利条件。

左图： 1870年，豪猪号探险队在海洋深处发现了海参这类海洋动物。

左图： 豪猪号在船上打捞海洋生物。

第三次探险，研究人员继续在浅水区进行挖掘，并对闪电号在调查中确定的温暖和寒冷地区进行温度与化学测量。探险结束后，卡彭特的报告是相比压力，温度对生物在海洋中分布的影响更大。1870年的豪猪号与1871年的海鸥号进行的两次勘察行动发现了更多海洋动物，此外，科学家也开始研究海水密度对于洋流的影响。

在这30年里，人类大大提高了对海洋生物的认识，并且扩展到动物学、物理学和化学在内的某些领域。然而，一个问题解决后就会出现更多问题。威维尔·汤姆森和卡彭特认为真正需要的是一次能系统调查世界各地海洋的生物、地质、地理、物理和化学特征的考察，这次考察的航程将更长、野心更大。于是卡彭特向海军部寻求支持并获得了批准，海军部认为调查深海物理环境对科学与航海十分有益。

上图： 1872年至1876年，挑战者号探险发现之旅是英国历史上首次对海洋进行的系统调查。

集合海洋科学各领域科学家的挑战者号

1872年12月，挑战者号驶离朴次茅斯开始了为期三年半的环球航行，实现了威维尔·汤姆森和卡彭特的愿望。此次大型航行发现是第一次专门为了收集海洋信息而进行的探险活动。除了研究海水化学、海床物质以及海洋生物的分布，此次探险还将“在巨大洋盆，大西洋北部和南部，太平洋北部和南部和南大洋（到附近的冰障）处研究深海的物理环境；调查深海的深度、温度、流通、比重和透光性；以上所有方面的观察和实验都在海面到海底的不同深度范围进行”。

挑战者号是一艘长61米（约200英尺）的三桅巡洋舰，通过蒸汽和船帆获得动力。最初船上有17门炮，为了这次探险拆除了15门，腾出的空间被打造成实验室、打捞网和测深线储存空间。船上有263名船员，受船长乔治·纳雷斯（George S. Nares）指挥，此外还有以威维尔·汤姆森为首的5名科学家团队。船员将他们称为科学家，他们是：加拿大博物学家约翰·默里（John Murray）、英国博物学家亨利·诺蒂奇·莫斯利（Henry Nottidge Moseley）、德国动物学家鲁道夫·冯·威利莫斯-苏姆（Rudolf von Willemoes-Suhm）、苏格兰化学家约翰·扬·布坎南（John Young Buchanan）、瑞士艺术家兼威维尔·汤姆森的秘书约翰·詹姆斯·怀尔德（John James Wild）。

该船先是驶向直布罗陀，然后进入大西洋，在那里，科学家定期进行探测和捕捞作业。威维尔·汤姆森写道：“我们此次航行的主要任务是探索深海环境。在整个航程

左图： 挑战者号上配有测深及捕捞装备。

Arctic Circle
PEAKE DEEP
SIGSBEE DEEP
THOULET DEEP
LIBBEY DEEP
SUHM DEEP
MONACO DEEP
NARES DEEP
CHUN DEEP
ropic of Cancer
BARTLETT DEEP
MAKAROFF DEEP
MOSELEY DEEP
GRAY DEEP
Equator
KRECH DEEP
TIZARD DEEP
BUCHANAN DEEP
MILNE-EDWARDS DEEP
KRÜMMEL DEEP
BARTHOLOMEW DEEP
Tropic of Capricorn
RICHARDS DEEP
HAVERGAL DEEP
HAECKEL DEEP
ROSS DEEP

中，我们将利用所有可能的机会进行深海观察。”

挑战者号载着一船人航行超过了12.6万千米（68000海里）：南至南极洲、澳大利亚和新西兰、斐济和菲律宾、新几内亚、中国香港、阿德默勒尔蒂群岛和塔希提岛，一直到南美洲南端。此次航行途中，科学家测量了362个采样点，进行了492次深度探测和133次捕捞作业。测量人员在每个地点都会记录确切的深度，分别测量海水底部、中部和表面的温度，用测深仪采集海底样本，从海底及其他深处取得海水样本，以作日后的化学及物理分析，在底部、中部及水面捕捞，收集动物样本，记录大气和气象情况，确定海水表面的流动速度与方向，并适当确定海水在其他深度的流动方向与速度。

这套测量方法帮助人们全面认识海洋。科学家从不同深度捕捞到的4700个新物种清楚地表明，生命存在于海洋各个地方。除此之外，此次探险还收获了其他重大发现：深海层存在大量土豆大小、锰含量高的块状物质（如今矿业公司热衷开发的物质）和“碳补偿深度”（在这个深度，碳酸钙的溶解速度等于浮游生物死亡产生的碳酸钙速度）。

然而，此次探险对人们认识海洋影响最大的是发现了大西洋中脊（亦称为大西洋海岭），这是一条海底火山山脉，从北极到南极蜿蜒1.6万千米（约9940英里）。在它被发现100年后，它的存在为板块构造理论提供了支持，彻底改变了人们对世界地质的认识。

对页图：此图是根据挑战者号探险收集的数据绘制而成，有助于人们揭示海洋深度。

上图：此次探险在深海发现的锰结核。

1876年挑战者号返航后，人们将此次探险的发现精心记录下来，主要的记录者是约翰·默里，这份记录共计50卷，于1895年出版。最后两卷是结果总结，默里在其中称这份报告是“自15到16世纪著名的地理大发现以来，人类认识地球的最大进步”。

如今，此次探险的名字仍然留在挑战者深渊（马里亚纳海沟深约11000米处），这是现已知世界海洋的最深处，位于长2415千米（约1500英里）的新月形马里亚纳海沟深处。挑战者号的科学家已在海沟内测得8184米（约4475英寻）的深度读数。1951年，英国皇家海军挑战者2号（HMS Challenger II）科考船利用现代回声探测技术，准确记录了深10863米（约5940英寻）处的挑战者深渊。

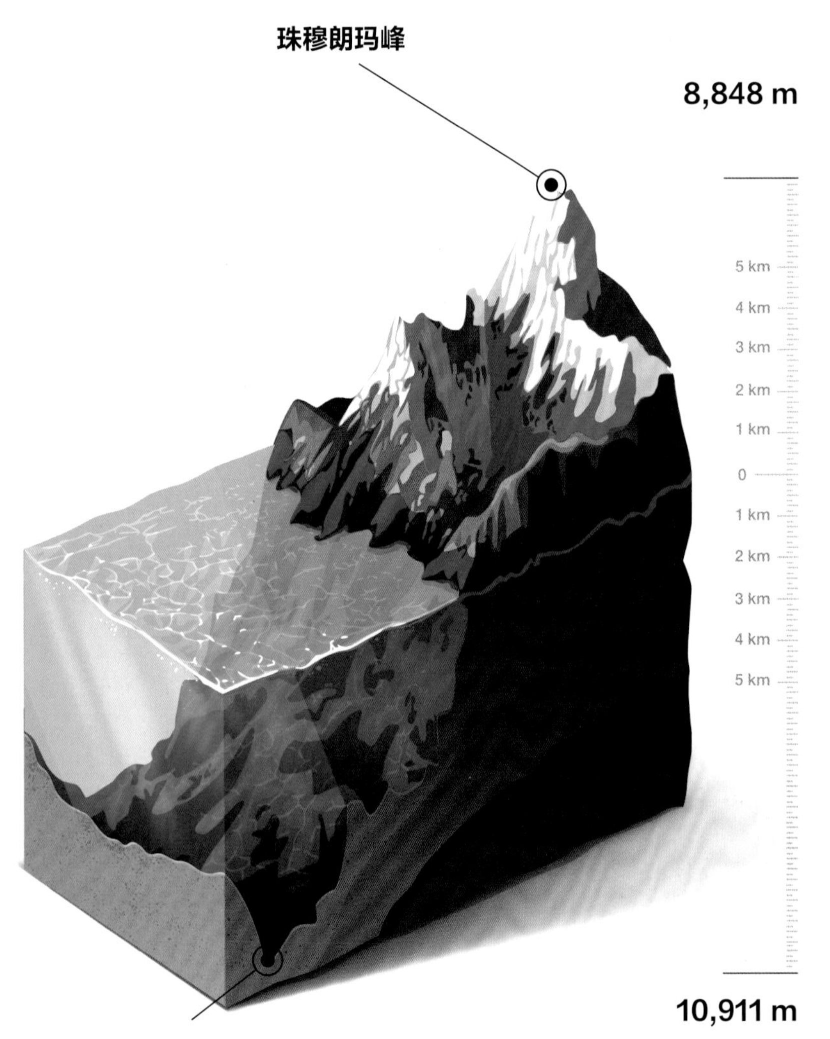

左图： 马里亚纳海沟的深度高于珠穆朗玛峰的高度。

上图： 中国科学探险启程探索马里亚纳海沟。

历史上只有4人曾到达过挑战者深渊底部：1960年，雅克·皮卡尔（Jacques Piccard）和唐·沃尔什（Don Walsh）耗时5个小时乘坐美国海军潜航器下潜至海底；2012年，詹姆斯·卡梅隆（James Cameron）耗时2小时26分钟乘坐深海挑战者号深潜器独自下潜；2019年，维克多·维斯科沃（Victor Vescovo）下潜了10927米（约35853英尺），创下历史上单人最深潜水纪录。

W. PEARSON
1912

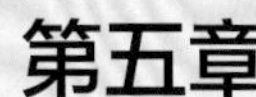

第五章

海洋学崛起：新技术发展奠定科学基础

科技进步促进了人类对海面和海底的探索，随着海底世界神秘面纱被揭开，科学家逐渐解开了地球地质之谜。此外，潜水设备与其他水下装置的进步也帮助科学家下潜至海洋底部进行研究，促进了海洋学新领域的发展。

左图： 图示为泰坦尼克号（RMS Titanic），曾一度被人认为永远不可会沉没，然而在1812年，它不幸撞上冰山，沉落于茫茫大海。

泰坦尼克号沉船事件促成海上安全技术提升

1912年，泰坦尼克号在大西洋首航途中与冰山相撞，沉没海中，立刻成为当时广播报道的重磅新闻。岸上的电报员从救援船卡帕西亚号（ship Carpathia）以及泰坦尼克号的姊妹船奥林匹亚号（ship Olympia）听到救援信息，并将他们听到的信息刊登见报。这艘“不沉之船”和船上超过1500人遇难的消息很快就传开了，据估计船上共有2208名乘客和船员。

对无线电技术进步做出巨大贡献的雷金纳德·费森登（Reginald Fessenden）是加拿大的一位发明家，早在泰坦尼克号巨轮沉没的12年前，他就曾利用调幅来提高无限点播的强度，成功在马萨诸塞州布兰特岩处两座相距1.6千米（约1英里）的高塔之间传送了第一条声音信息。得知泰坦尼克号因没有发现冰山而与其相撞沉没后，费森登就开始思索如何消除海上航行给人们造成的这种恐慌。

沉船事件发生不久后，雷金纳德·费森登开始在美国波士顿的海底信号公司（Submarine Signal Company SSC）担任顾问。该公司生产水下通信设备，这些设备的主要作用是通过陆上的铃铛和船上安装的水下麦克风（水听器）向船上的人发送可听见的警告。然而，水听器经常捕捉到背景噪声，警铃的声音也因而被淹没。费森登的任务就是研发一种效果更好的水听器。

然而，费森登认为自己的能力远远不止这些，于是他没有按照要求将重点放在水听器上，而是发明了一种更精密的设备，也就是费森登振荡器（Fessenden oscillator），它能提供更好的声源，可以用莫尔斯电码传输信息，并且能接收周围表面反弹的回声。1913年初，海底信号公司的工程师们成功在波士顿港两艘相距数千米的拖船之间实现了信息传输，证明了该装置具有重要的水下通信价值。

几个月后，在纽芬兰东南部的大浅滩附近，费森登在海岸警卫队快艇上对该设备的回声探测能力进行了测试。他依据声音从附近水面传回的时间，成功计算出了自己与一处冰山的距离以及该海域的深度。第一次世界

右图： 雷金纳德·费森登发明了一种水下通信振荡器，能够利用回声探测计算物体的深度与距离。

左图： 第一张水深图是利用海斯回声探测仪收集的数据绘制而成。

下图： 根据费森登振荡器发明的回声测深仪的操作说明。

大战期间，德国、法国和美国的技术人员升级并巩固了此项技术并将其应用于潜艇探测与测深工作。

1922年，美国人哈维·海斯（Harvey C. Hayes）发明的海斯回声测深仪（Hayes Sonic Depth Finder）被安装在美国海军科尼号（USS Corry）潜艇与赫尔号（USS Hull）潜艇上，科学家将它收集的数据绘制成一幅加州海岸水深图，这也是首次完全依靠回声测深技术（海洋测深学是有关测量水深的科学）制成的海图。3年后，德国流星号（the German Meteor）考察船上使用了阿特拉斯测深仪（Atlas sounder，海底信号公司在费森登振荡器的基础上发明的回声测深仪）与德国研制的信号测深仪，这些都进一步巩固了回声测深技术的发展。

在为期2年的考察中，德国流星号考察船在北回归线与南极洲之间的大西洋来回航行了14次。随船的科学家，以德国海洋学家阿尔弗雷德·梅尔兹为首，每隔8—32千米（5—20英

OPERATION OF THE FATHOMETER

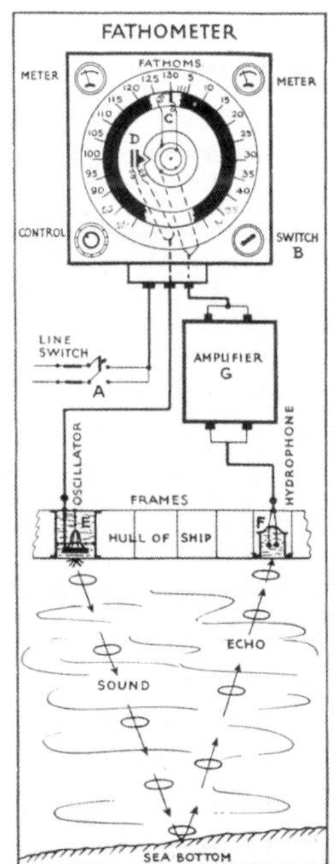

THE Fathometer Indicator, shown in this diagram, consists essentially of a disc mounted on the end of a shaft and driven by a small constant speed motor equipped with a governor. The motor is started by closing the Line Switch "A" and turning the Fathometer Switch "B". Mounted behind a radial slot in the disc is a Neon tube "C". In front of the disc is a circular scale which is graduated from 2 to 130 fathoms and lies just outside the path of the slot in front of the Neon tube.

Sound Production

A cam on the revolving shaft opens an electrical contact "D", thus allowing the Oscillator "E" to operate at the moment that the Neon tube is at the top of the scale. The Oscillator "E" produces a sound of short duration.

Sound Reception

The sound "echo" returning from the sea bottom is "picked up" by the Hydrophone "F" and a voltage is generated in the Hydrophone circuit. This voltage is transmitted through the Amplifier "G" causing a flash of light in the Neon tube "C" which, by this time, has traveled part way around the Fathometer dial. Acting like a luminous pointer, the flash of light indicates the depth at that instant. The disc to which the Neon tube is mounted makes several revolutions per minute and light flashes of the Neon tube, indicating depth, follow each other in rapid succession. If the bottom is level, the flashes will appear at the same point on the dial, but where the bottom is irregular it follows that they will vary in location in accordance with the contour of the bottom.

里）就进行一次深度探测，到阿尔弗雷德·梅尔兹在考察初期去世时，他们已经完成了67400次深度探测。科学家利用这项新技术，重新测量了挑战者号探险中测量的水深数据和70年前美国海军海豚号（USS Dolphin）潜艇记录下的大西洋最深点。根据深度数据绘制的大西洋海底剖面图首次向人们证明了大西洋中脊是一条崎岖的海底山脉。

下图： 德国流星号考察船利用回声探测新技术在大西洋海域进行了67400次深度测量。

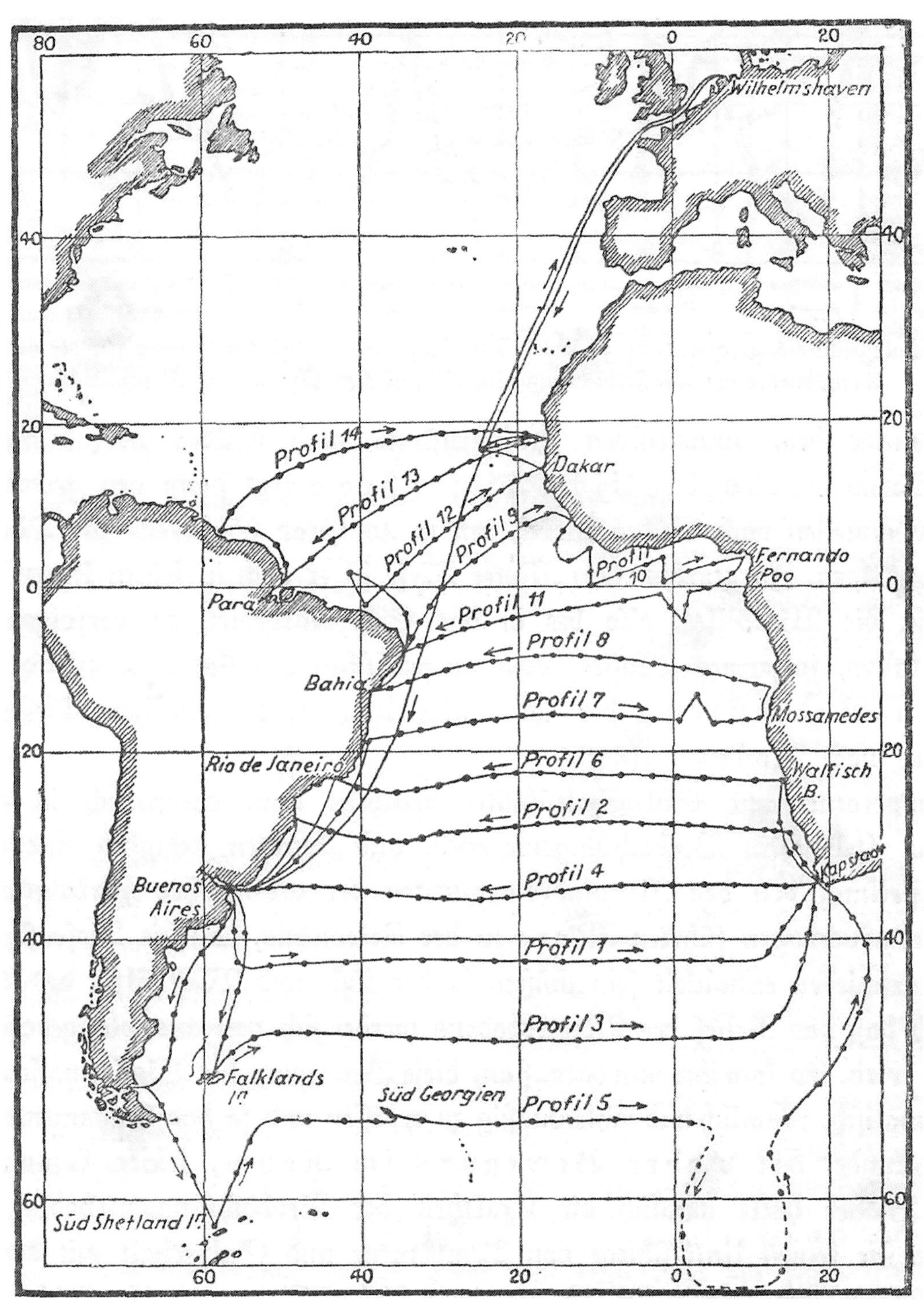

右图：德国流星号考察船在大西洋的航行轨迹。

泰坦尼克号沉没后的15年里，费森登发明且由其他技术人员改良的振荡器取代了数百年来用来确定海洋深度的线测法。费森登的发明为未来海洋科学的长足发展奠定了基础。同时他也实现了提高海上航行安全性的最初目标：水手不仅能识别水中的物体，而且可以进行准确频繁的探测工作，并且能对照海图定位自己的航线与所在位置。为了表彰费森登与其他人的发明精神，1929年，《科学美国人》(*Scientific American*) 杂志授予费森登“海上安全奖金奖”。

海底研究揭开地球构造的面纱

与海底地图相比，陆地裸露在外，绘制起来更加容易。因此，揭秘曾经塑造地球并在当今仍然进行中的全球地质过程的主要群体是海洋科学家，而不是陆地地质学家，这一点着实让人意外。然而，想要破解科学之谜可不是一朝一夕之事。自20世纪40年代起，几十年来，科学家一丝不苟的探索，直至数据采集与破解取得进步，这一切才最终成为可能。

探索地质构造的第一个线索就是海陆交汇处。德国气象学家、大陆漂移说创立者阿尔弗雷德·魏格纳（Alfred Wegener）及其前辈们认为，南美洲东部和非洲西部的海岸线形状非常相似，原因可能是这两个板块的边缘曾经连在一起。1912年，他提出“大陆漂移说”，认为当今地球相互分离的各大陆在2.5亿年前曾经是一块统一的大陆，即泛大陆。如今，泛大陆已分裂成新的陆地板块，在数百万年的时间里，渐渐从原始位置向外漂移数千英里。

魏格纳认为，分裂的大陆板块在地球内部力量的作用下，穿越力量较弱的洋壳，漂流至当前位置。但该理论盛行几十年后开始受到一些质疑。因为那时候地球物理学家正通过地震波和测量地球引力场对地球内部进行研究，他们得出的结

下图： 这些图展示了板块漂移的运动过程。

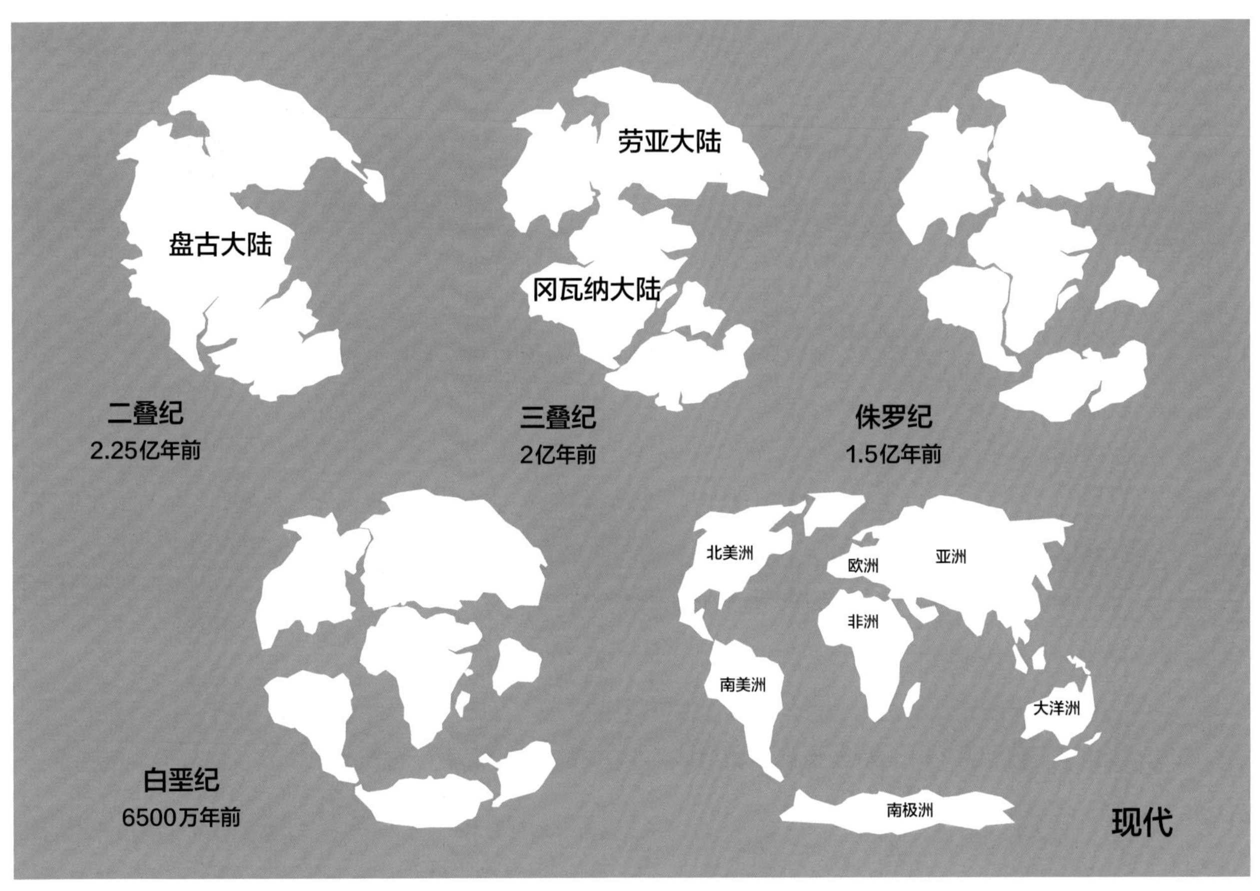

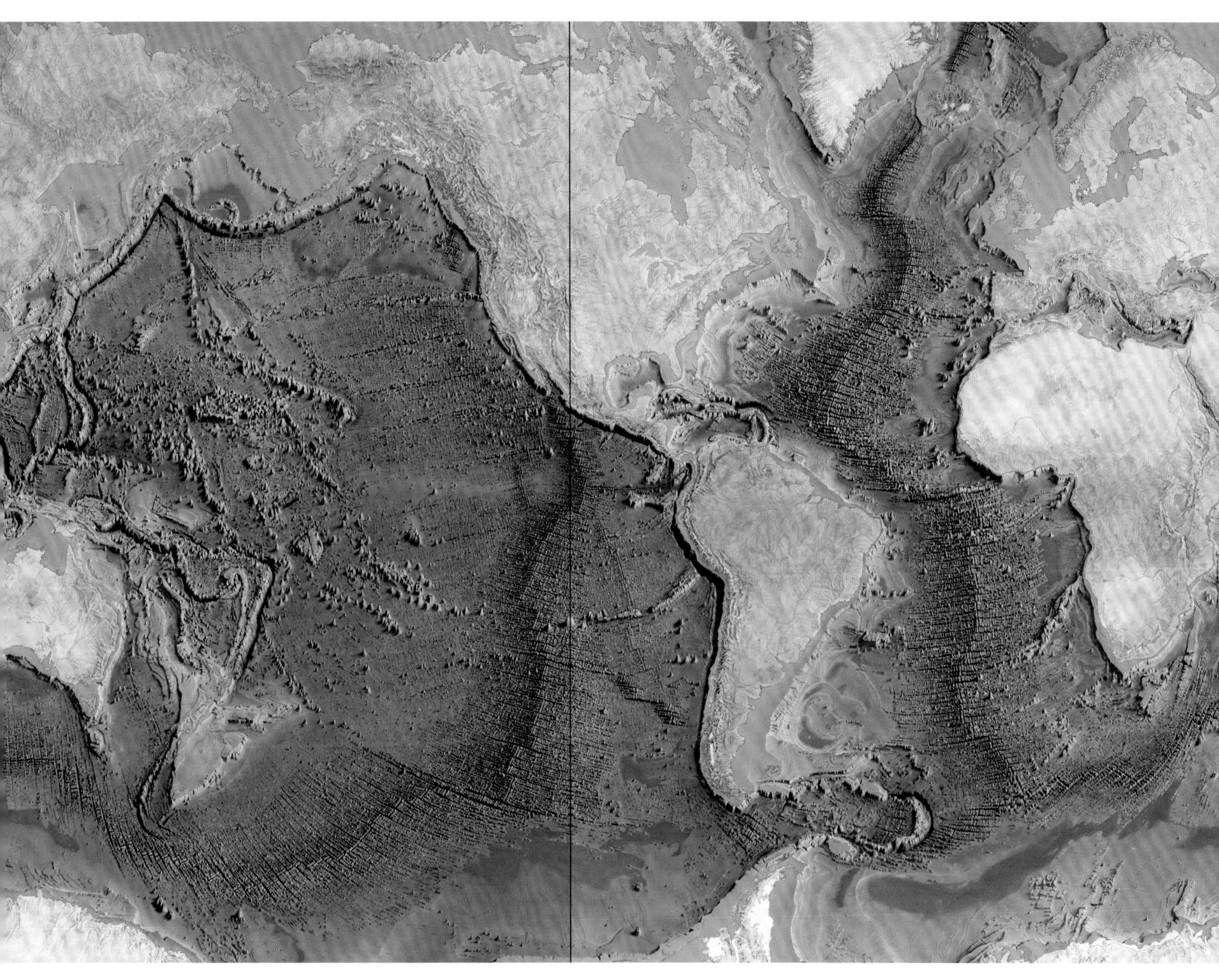

上图： 这幅世界海洋图绘制于1977年，是在玛丽·萨普与布鲁斯·查尔斯·希森的工作基础上制成的，此图清楚地展示了大西洋中脊。

论是没有任何自然力足以驱动大陆板块穿越洋壳。尽管如此，当时科学家在大西洋两岸发现了同样的化石，这为两个大陆曾经相连提供了一些证据。

第二次世界大战期间，随着技术的发展，以前无法进行的海洋研究也变成了可能。比如，回声探测与声呐技术的进步使人们可以大范围收集数据，而这些数据可用于绘制海底剖面图。20世纪40年代末至50年代初，地质学家玛丽·萨普（Marie Tharp，她与布鲁斯·希森合作绘制了世界上第一幅科学性的全球海底地形图）在哥伦比亚大学拉蒙特地质实验室（现为拉蒙特-多尔蒂地球观测站）工作时便利用这些数据绘制了一幅大西洋海底图。她与布鲁斯·查尔斯·希森（Bruce Charles Heezen）一起证明了大西洋中央存在着一条延绵的巨大山脉，即洋中脊，沿洋中脊轴部延纵向延伸着中央裂谷和横向断裂带（又称转换断层），它的地形与陆地上的火山断裂带类似。后来研究表明这条洋中脊长16100千米（约10000英里），在其与大陆交界处附近的海底也存在非常广阔的海沟。

在萨普及其他科学家研究的基础上，美国地球物理学家哈里·赫斯（Harry Hess）在1960年提出了海底扩张学说。他认为熔岩不断地从洋中脊上涌至地球表面，形成新的大洋地壳，而新形成的

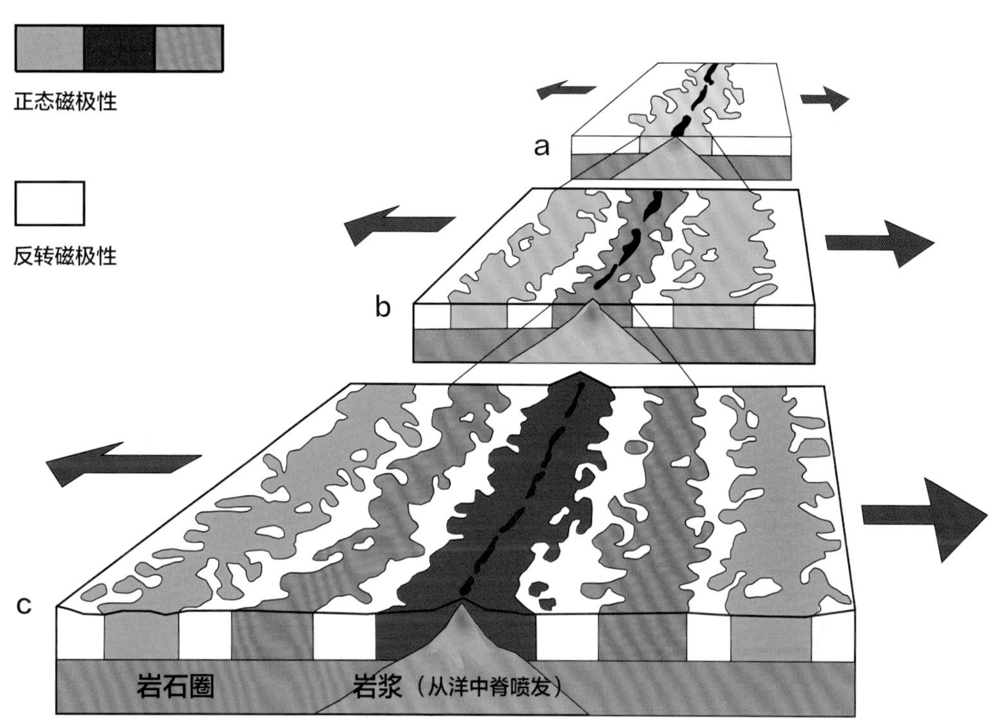

上图： 图示显示的是海底扩张（离海岭距离越远，岩石年龄越老；离海岭越近，岩石年龄越年轻）。地壳和上地幔形成岩石圈。

海底把原先的大洋地壳推向两边。赫斯认为该运动可以解释“大陆漂移学说”；因为随着海底的扩张，大陆就渐渐漂移。他认为这种运动的驱动力是地幔的对流，并认为最古老的大洋地壳在海陆交界处被海沟吞噬，而海沟的低重力读数也支持了这个理论。此外，另一位科学家罗伯特·迪茨（Robert Dietz）也提出了类似假设。

人们对磁力的研究已经有几个世纪的历史了（参见第143页“神秘的地球磁性特征”）。在第二次世界大战期间，航空磁力探测器为水下探测提供了重要帮助。战争结束后，海洋学家开始将类似设备安装在考察船上用来测量地球磁场强度。科学家在测量洋中两侧的磁性时，发现洋中脊两侧存在平行的等磁力线条，且磁性正负相间。在一些地方，磁力带被与其垂直的地质断层抵消。

20世纪60年代初，科学家发现地球磁场在两极有规律地来回倒转。很快，人们就根据世界各地岩石上的痕迹，编制出磁场倒转的时间表。科学家从南大西洋，印度洋和南太平洋收集到大量磁力数据后得出结论：磁力在海底呈现的条纹状证明了地磁倒转现象，并且在新洋壳形成于洋中脊处，旧洋壳漂移的相当长的一段时间里，该现象一直存在。人们在深海中心观察到的地磁倒转现象为海底扩张理论提供了有力的证据。

左图： 安装在船上的校准磁探测器。

大约在同一时期，加拿大地球物理学家约翰·图佐-威尔逊（John Tuzo-Wilson）提出了一个理论，解释了像夏威夷这样的火山岛链是如何形成的。他认为是由海壳在地幔热点（固体地壳和密度更大的铁镍核之间的地球熔融部分）上方运动形成的。他假设地壳被分裂成坚硬的板块，这些板块在洋中脊处被拉开，在海沟和陆地山脉处被推挤，在巨大断层（他将其称为“转换断层”）处来回滑动。他认为三个板块边界处存在一个“三联点”。

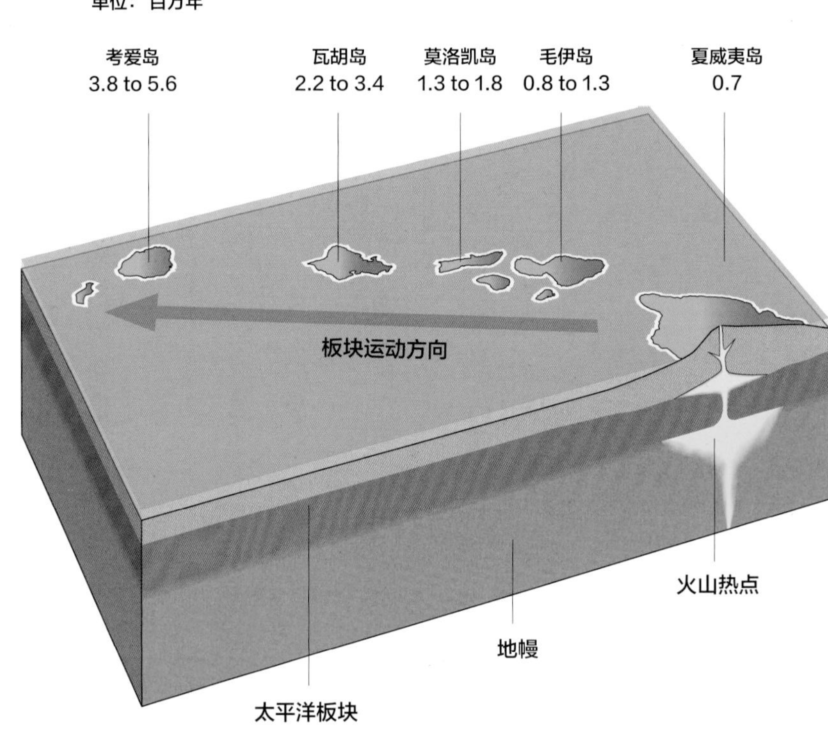

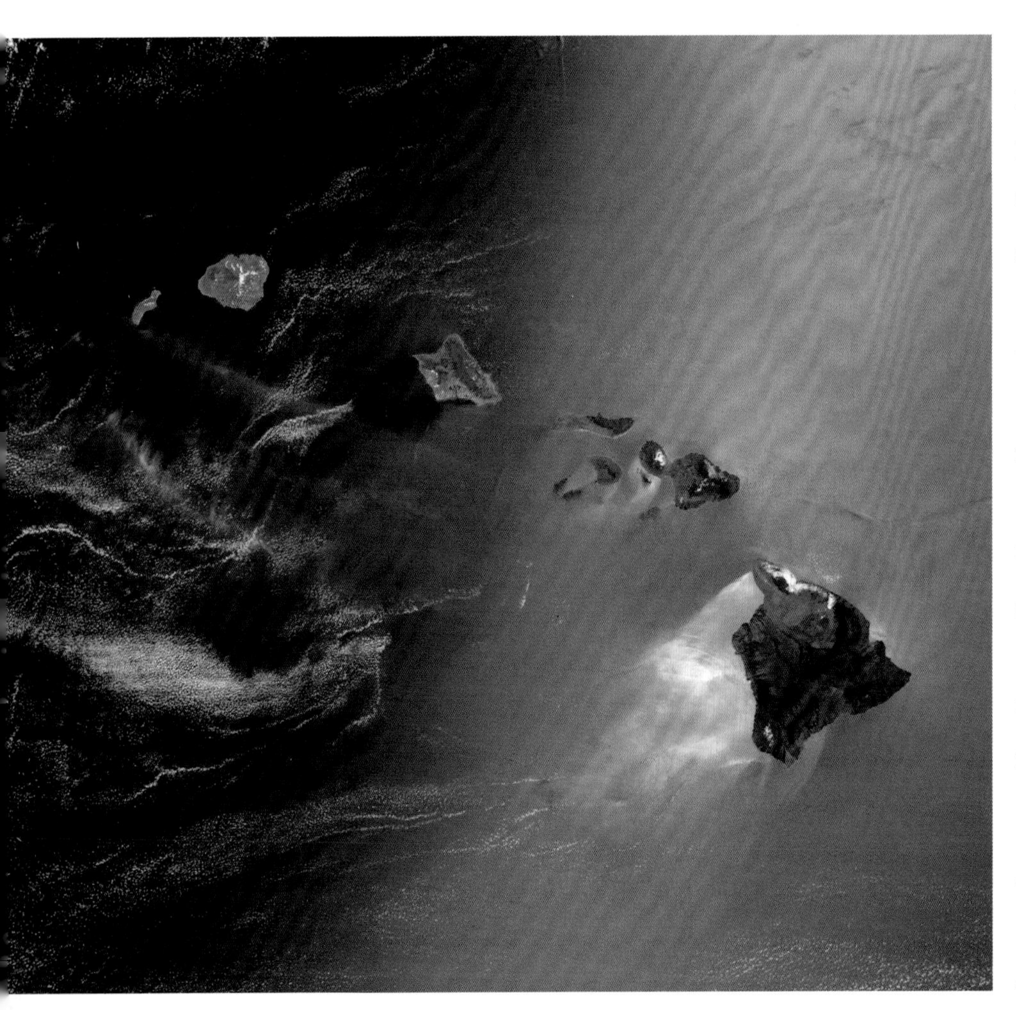

1964年，拉蒙特-多尔蒂地球观测站的地震学家布莱恩·伊萨克斯（Bryan Isacks）和他的老师杰克·奥利弗（Jack Oliver）开始研究在斐济与汤加周围发生的深源地震（震源深度超过300千米的地震）。这两地是世界上深源地震发生次数最多的地方。他们标注了地震发生的地点后，推断这两地的地震是因为一块大洋地壳被推入或被拉入地幔而引发的。这也为在洋中脊处形成的新洋壳弥补了在海陆边界俯冲带被吞噬的古老洋壳部分的说法提供了证据。

计算机数学建模证实了板块运动符合几何原理，并且和俯冲带的地震数据吻合。1968年，伊萨克斯、奥利

上图： 太平洋板块在地幔热点上方不断运动，夏威夷群岛因此形成。

左图： 从空中俯瞰形成夏威夷群岛的火山岛链。

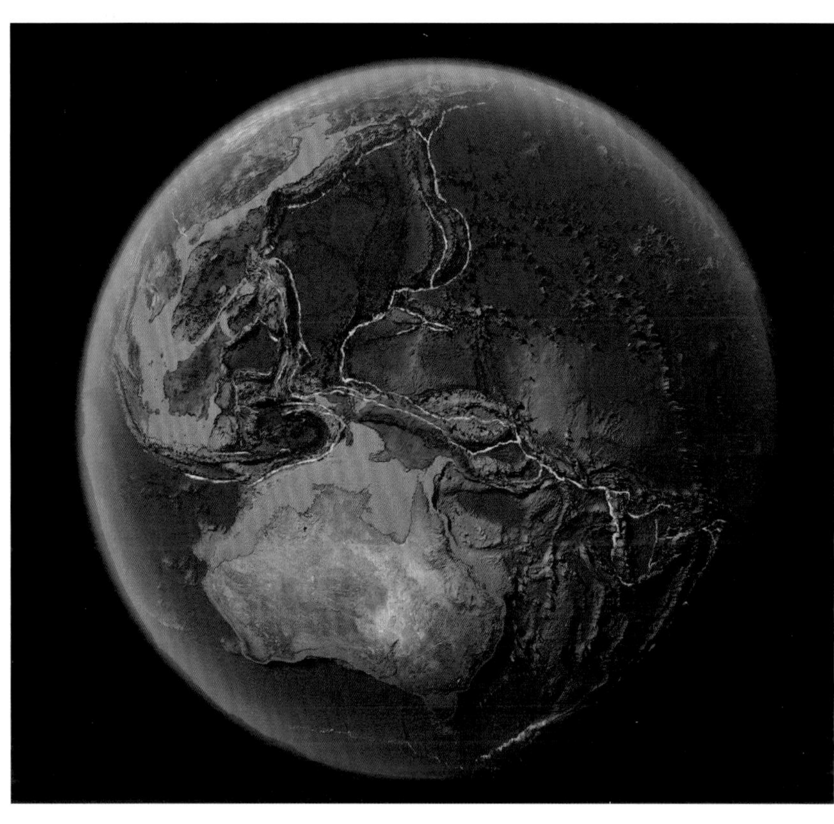

弗和地震学家林恩·雷·赛克斯（Lynn R. Sykes）在《地震学与新全球构造论》（*Seismology and the New Global Tectonics*）一文中整合了魏格纳、赫斯、迪茨、威尔逊等人的发现。形成了如今被称为板块构造的理论（海底扩张和大陆漂移），涵盖了从最深的海沟到陆地最高山脉等内容，该理论为解释地球过去和现在的地质特征提供了一个框架。

左图： 七大构造板块组成了地壳。这幅地球卫星图像显示了西太平洋的板块构造边缘。

神秘的地球磁性特征

早在1269年，法国学者彼德·佩雷格林纳斯（Peter Peregrinus）就研究了天然磁石（天然磁化的磁铁矿）的磁性特征。他发现磁石有两个末端，即“磁极”，能够吸引或排斥其他磁石；浮动的磁石倾向于按照南北方向排列；磁石可以磁化铁针。这一特性在发明指南针时也派上了用场。早期使用指南针的水手意识到，磁针并不是指向真正地理意义上的北极，而是指向地磁的北极，即地理南极附近。

英国伦敦皇家内科医学院院长、电磁学家威廉·吉尔伯特（William Gilbert）在1600年左右得出结论，他认为地球本身就被磁化，而磁石的磁性也与此有关。根据17世纪的观察，熔融的岩石在冷却时保存了对地球磁场的记录。后来，根据世界各地质构造的研究表明，地球磁极在过去曾多次在南北极之间发生转换。

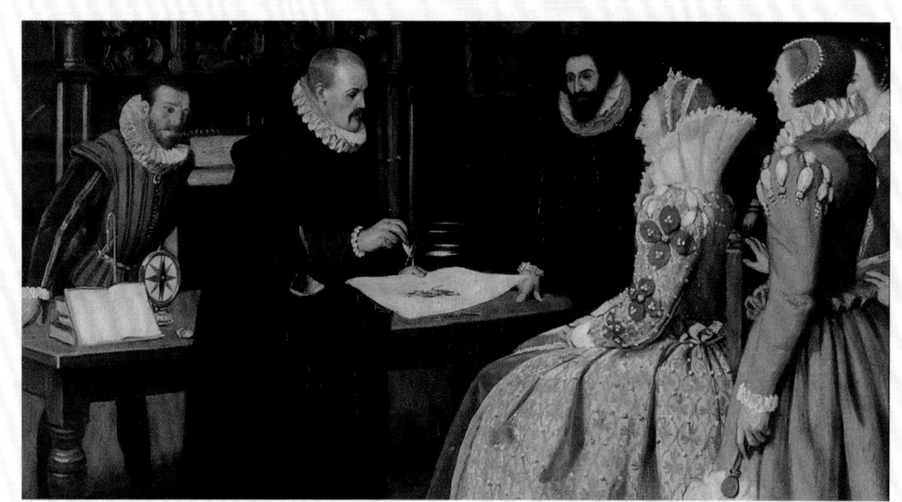

上图： 威廉·吉尔伯特正在向英国女王伊丽莎白一世展示神奇的磁力。

绘制海底地图

18世纪早期，意大利博物学家兼地理学家鲁吉·费迪南多·马西利（Luigi Ferdinando Marsili）伯爵搭乘渔民捕捞珊瑚的船只前往法国地中海沿岸的莱昂斯湾，根据日常航海习惯，他用简单的铅垂和测线测量水深。在绘制海底剖面图时，他发现靠近海岸的地方海水相对较浅，远离海岸的地方海水变深。

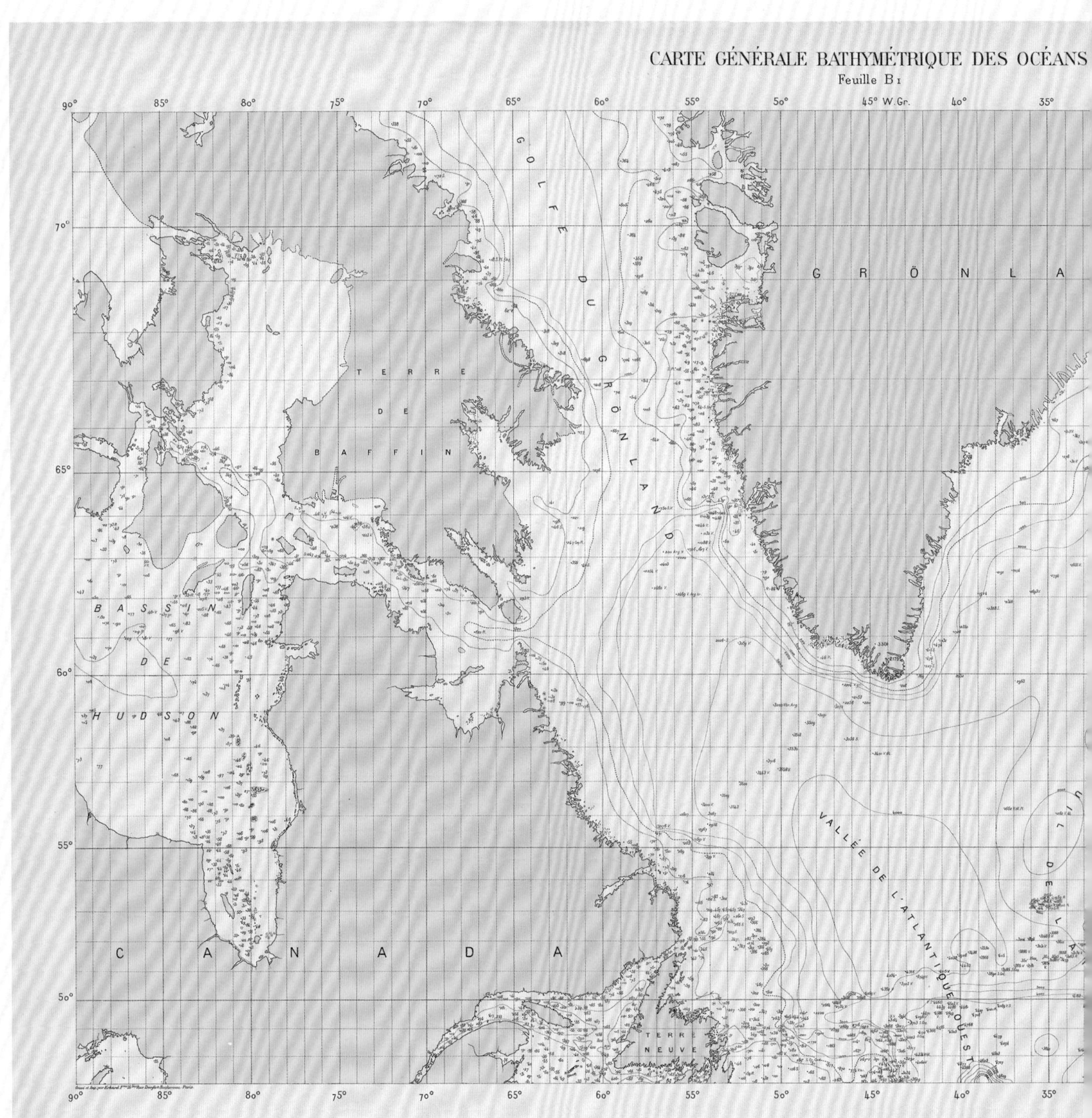

1725年，他出版了《海洋物理史》(*Histoire Physique de la Mer*）一书，在其中预言了“大陆架”可能存在于北非海岸附近。

1903年，在电缆铺设工作时，科学家从船只、科学考察船和极地探险队各处收集了有关海洋深度的信息，英国和法国水文局对这些信息加以整理，绘制了世界上第一幅大洋地势图（General Bathymetric Chart of the Oceans)，也称为通用大洋水深图（缩写为GEBCO)，并将其出版。摩纳哥王子阿尔伯特一世（Albert I of Monaco）对此项事业非常支持，他本人也曾研究过海洋学，并进行了多次海洋探险。这幅地图显示了海床的轮廓，并制定了用来描述海底的标准命名法，此外，该图还清楚地展现了世界各地大陆架。第二版通用大洋水深图于1910年至1931年发行，新版本包含与海洋等深线间隔相同的陆地等高线。

随着回声探测技术收集到的数据量越来越多，科学家开始意识到，大陆架的边缘被深谷割裂。1936年，加拿大裔美国地质学家雷金纳德·戴利（Reginald Daly）提出假设：当密度大且富含沉积物的水流在地心引力的作用下往下流动时，它们会冲刷这些峡谷。20世纪50年代初，拉蒙特-多尔蒂地球观测站的美国地质学家在研究1929年一次冲击大浅滩的大地震时，证明了该项假说。

数据显示，地震发生后，一系列海底电报电缆会被扯断，其中一些电缆距震中有480千米（约300英里）远。从大陆架顶部到底部，大约十几根缆绳会一个接一个发生断裂。因此科学家意识到地震引发了水下崩塌，即“浊流”，它以大约每小时72千米（约45英里）的速度沿大陆斜坡向下涌动，将电缆一个个扯断。

如今我们已经知道这些洋流形成的原因是海底及含有沉积物的海水发生运动。洋流运动将大量沉积物排入深海，对海洋石油的形成起着重要的作用。

左图： 1903年绘制而成的第一幅通用大洋水深图，此后，该图的修订工作一直定期进行。

下图： 一次水下崩塌，或“浊流”。

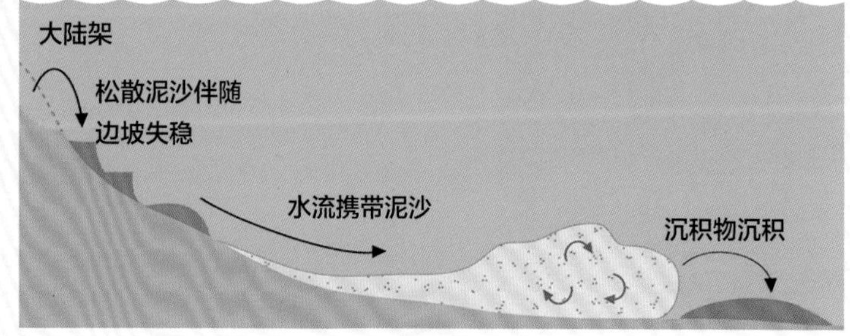

探究海底世界

自古埃及人与希腊人首次尝试潜水起（参见第37页第一章），人们就不断寻找能在水下生存的方法。在文艺复兴时期，发明家成功发明了潜水钟，它能在容器沉入水中时将空气收集到容器里面。在1531年，人们正是利用这样的潜水钟将沉没于意大利内米湖的一艘大帆船上的物品打捞上来的。1687年，北美马萨诸塞湾殖民地的威廉·皮普斯（William Phips）用潜水钟在西印度群岛的一艘西班牙大帆船上发现了大量宝藏。

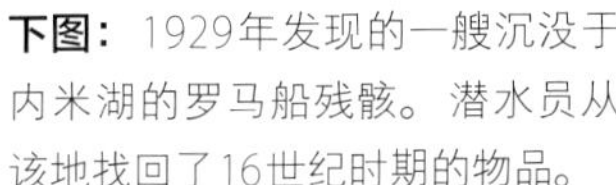

下图： 1929年发现的一艘沉没于内米湖的罗马船残骸。潜水员从该地找回了16世纪时期的物品。

右图： 物理学家波义耳发现对充气物体（如气球）施加压力，该物体会以一种可预见的方式缩小。

随着人们越来越明白气体受压后的表现，17世纪后期，更加精密的潜水钟被发明出来。英裔爱尔兰物理学家罗伯特·波义耳（Robert Boyle）发现，如果对一个充满气体的物体（如气球）施加压力，它的体积会以一种可预见的方式缩小。法国神父阿贝·让·德·豪特费尔（Abbé Jean de Hautefeuille）根据这个发现得出结论："人在深水环境中不可能像在正常大气压下呼吸。"英国发明家约翰·莱思布里奇（John Lethbridge）和天文学家埃德蒙·哈雷爵士都根据波义耳定律发明了精密潜水器。19世纪初，改良版的哈雷钟被广泛用于港口修理、打捞和建造工作。

右图： 天文学家埃德蒙·哈雷根据波义耳定律发明的潜水钟。

19世纪的创新成果为现代潜水系统的发展奠定了基础。其中一件就是迪恩专利潜水装备（Deane’s Patent Diving Apparatus），该设备由一顶充气头盔和一套单独带加重鞋的潜水服组成。有消息称，约翰·迪恩（John Deane）与弟弟查尔斯·迪恩（Charles Deane）发明该设备的灵感来自1820年发生在英国惠特斯特布尔的一场火灾。当时消防队员因浓烟无法进行救援工作，迪恩就提议将附近正在展览的一套中世纪盔甲的头盔摘下来，充上空气戴在头上。据说，消防员戴上这个头盔后就能在救援中呼吸，从大火中救出了一群马匹。后来，德国人奥古斯塔斯·西贝（Augustus Siebe）对潜水服加以改进，他把头盔和潜水服连在一起并改良了潜水服的排气系统。这个改良版在后来被英国皇家工程师作为标准，也是现代军用潜水服的前身。

上图： 1840年，潜水员身穿奥古斯塔斯·西贝改良的潜水衣从沉没的英国皇家海军乔治号风帆战列舰上打捞出枪支和军炮。

左图： 1958年的潜水服。

在19世纪，功能齐全的潜水衣也诞生了。早期有款设计是水下呼吸器（Aerophore），它的特点是背后带有一个空气储气罐以及一个可以控制空气输送的调节器。虽然这个设计主要通过表面提供空气，但它也能独立运作。1870年，法国科幻小说家儒勒·凡尔纳（Jules Verne）在小说《海底两万里》（*Twenty Thousand Leagues Under The Sea*）中描述的潜水衣，就是受到了这个水下呼吸器的启发。

右图： 儒勒·凡尔纳在小说《海底两万里》中对潜水衣描写的灵感来源就是水下呼吸器。

上图：保罗·伯特对减压病的研究做出了巨大的贡献。

然而，这种潜水装置虽然功能比较齐全，但是需要大型储气罐，这样一来就大大降低了它的效率。于是发明家开始研究其他供气方法，包括氧气回吸器（用来处理二氧化碳并且循环利用未使用的氧气）和高压气罐（可容纳更多空气）。法国人保罗·伯特（Paul Bert）和苏格兰人约翰·斯科特·哈尔丹（John Scott Haldane）研究了减压病的发病原因并阐明了人类在压缩空气下潜水的安全极限，他们的研究对潜水技术的进步提供了帮助。

到了20世纪30年代，法国人乔治·康迈因斯（George Commeinhes）发明了第一个自携式水下呼吸装置（俗称"水肺"），它由一个全脸面罩、一组压缩空气罐和一个带有可控阀门的空气供应系统构成。20世纪40年代，法国探险家、电影人雅克-伊夫·库斯托（Jacques-Yves Cousteau）和法国工程师埃米尔·加格南（Emile Gagnan）也发明了类似的装置，他们淘汰了全脸面罩，让潜水员通过一个独立的接口管将空气吸入体内保持呼吸。1943年，该装置成功在水下67米（约220英尺）处通过测试，并获得"水肺"专利。后来，潜水装置随着技术的进步不断发展，也出现了潜水培训项目。自此，潜水从一项小众运动发展成一项让全世界几百万人都有机会探索水下环境的休闲运动（参见第154页内容"休闲潜水的发展为海洋科学家提供观测便利"）。

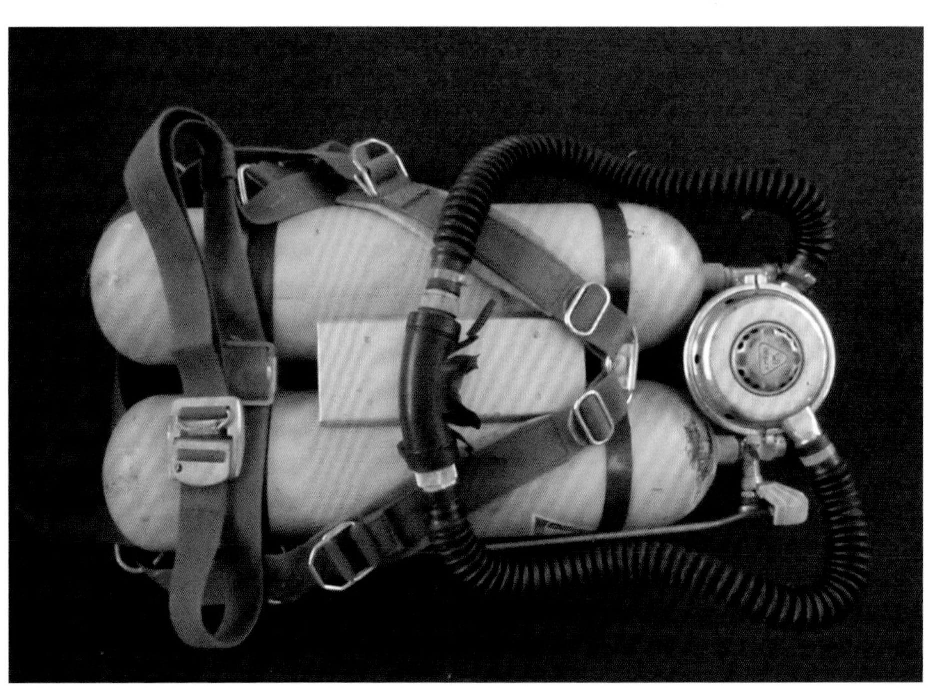

右图：雅克-伊夫·库斯托和埃米尔·加格南发明的"水肺"。

20世纪30年代，深海球形潜水器诞生了。虽然那时潜艇已经被广泛应用于军事领域，但这还是第一个专门用于研究海底环境和海洋动物的装置。这个深海潜水球是由博物学家兼鸟类学家威廉·毕比（William Beebe）与工程师奥蒂斯·巴顿（Otis Barton）共同发明，它是一个直径为1.45米（约4英尺9英寸）的球体，外层是厚实的铸铁壁，能承受深水的高压。它带有自动阀门的氧气罐，能为潜水员提供氧气，同时潜水员呼出的二氧化碳和湿气也被其他化学物质吸收掉。这个容器要用一根长1100米（约3500英尺）的钢索从船上吊到海里。该装置的电线与电话线被橡胶管包裹着穿过一个填料函，这样的设计是为了防止水进入潜水球顶部。

上图：博物学家威廉·毕比与工程师奥蒂斯·巴顿与他们发明的潜水球。

在20世纪30年代早期，毕比与巴顿曾多次潜入水下。1934年，二人共同创造了925米（约3028英尺）的潜水记录。潜水让他们有机会观察到自然界中的深海生物。他们也发现了许多从前未见过的动物，包括一些能在黑暗中发光的动物。每次潜水的时候，毕比会通过电话向船上的科学家描述他看到的生物，然后科学家将他的观察记录下来。1934年，毕比出版了《海底半英里》（*Half Mile Down*）一书，在其中他总结道："这片海域存在大量大型海洋生物，即便用最好的海洋捕捞工具在此打捞6年，都无法将其完全捕尽。"

后来，毕比邀请鱼类学家约翰·特-万（John Tee-Van）与他一起下潜到455米（约1500英尺）处的深海，这位鱼类学家在看到深海大量海洋动物后非常震惊，他写道：

"我在深海待了30分钟，感到兴奋异常，深海让我大开眼界，这里鱼虾成群，简直让人应接不暇。一只10厘米（约4英寸）长的管水母经过我们的视窗，它身上长着精致的上苞片，触手非常长；我看到三两条柳叶鳗（鳗鱼类发育过程中的幼体阶段），其中一条可能是常见属种，身长20厘米（约8英寸），身体扁平透明、薄如柳叶。当我们上潜到靠近海面的位置时，大型海洋生物越来越少，重新显现的是大量的蜉蝣生物。在我们的潜水装置外，无数个微小生物在浅金色的阳光下闪烁着。"

巴顿和毕比此次的深海探索激励了奥古斯特·皮卡尔（Auguste Piccard），他发明出一种更先进的深海潜水器，称为深海潜水器（即深潜器）。皮卡尔是一位发明家兼物理学家，曾在1931年发明了一个带压力舱的气球并且曾乘此装置到达了海拔15780米（约51775英尺）的地方。皮卡尔对深海领域也很感兴趣，他用制造气球的原理设计了一款新型深潜船。具体来说就是在气球状的浮球中注入汽油来增加浮力：汽油密度比海水密度较低，相对来说不可压，因此即便在升高的情况下也能保持浮力。该装置下沉时会向外排出气体（因为气体比水轻）或向内输入海水。下潜结束时，压舱物会脱落，气球返回水面。这个发明出现后，人们就不用通过绳索将深海潜水器放到海中。

1953年，皮卡尔根据该原理设计的两艘潜水器进行了一场海底竞赛，这两艘潜水器

左图： 奥古斯特·皮卡尔发明了深海潜水器。

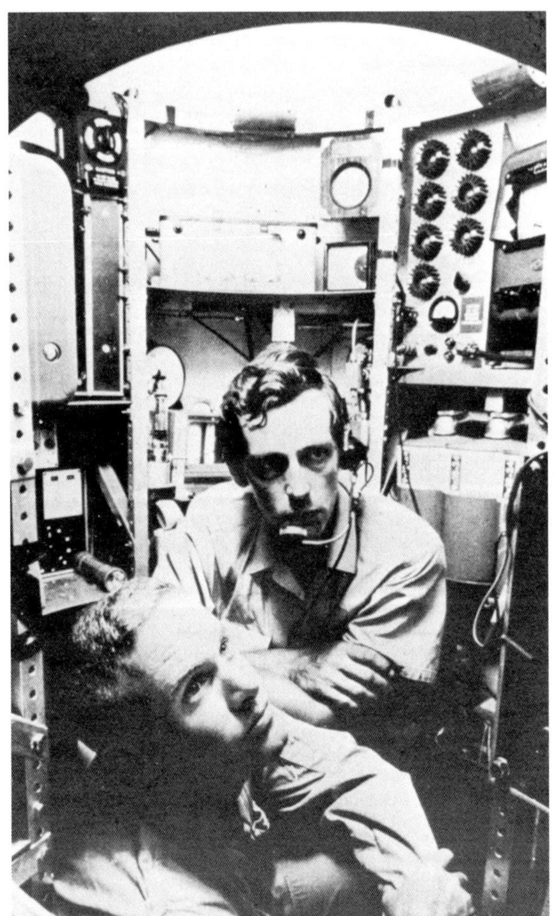

上图： 的里雅斯特号深潜器。

左图： 的里雅斯特号深潜器的内部。

分别是以资助者迭戈·代·亨里克兹（Diego de Henriquez）教授的家乡命名的“的里雅斯特号”（Trieste，意大利城市名）深潜器和以资助机构比利时科学研究基金会命名的“FNRS-3”（该潜水器后来被法国海军购入）深潜器。的里雅斯特号的下潜深度是3167米（约10390英尺），FNRS-3的下潜的深度是4100米（约13450英尺）。1958年，美国海军收购了的里雅斯特号，并为其更换了船舱以便进行更深的潜水活动。1960年，奥古斯特的儿子雅克·皮卡尔（Jacques Piccard）与唐·沃尔什（Don Walsh）就是乘坐的里雅斯特号下潜至挑战者号深渊的（参见第131页），创下了10916米（约35814英尺）深的潜水纪录。皮卡尔乘坐的里雅斯特号到达海底后发现了一条鞋底状的比目鱼，证明了世界海洋最深处也有生命的存在。

休闲潜水的发展为海洋科学家提供观测便利

潜水的进步无疑有益于海洋学的发展，从此，科学家可以实时观察海洋浅滩，并且用一种成本相对较低的方式监测浅滩在某一时间段发生的变化。科学家收集海洋生物行为信息、进行地质和考古分析以及监测气候变化对海底生态系统的影响也变得更加方便，还能根据航空或卫星观测到的更大范围的情况进行判断，地图绘制的准确性被大大提高。如今，社会对海洋问题的关注越来越高，海洋公民科学也因此得以发展，即运动潜水员为科学项目提供数据。2016年，一项发表在科学期刊《自然》(*Nature*）的线上期刊《科学报告》(*Scientific Reports*）上的研究表明：潜水员手腕上的电脑表所捕捉到的温度曲线，可以填补因采样不足或沿海地区环境变化莫测造成的知识空白，从而优化现有的监测系统。休闲潜水员已经为第一个科学项目贡献了7000多条温度记录，足以绘制一个全球海洋温度记录表。

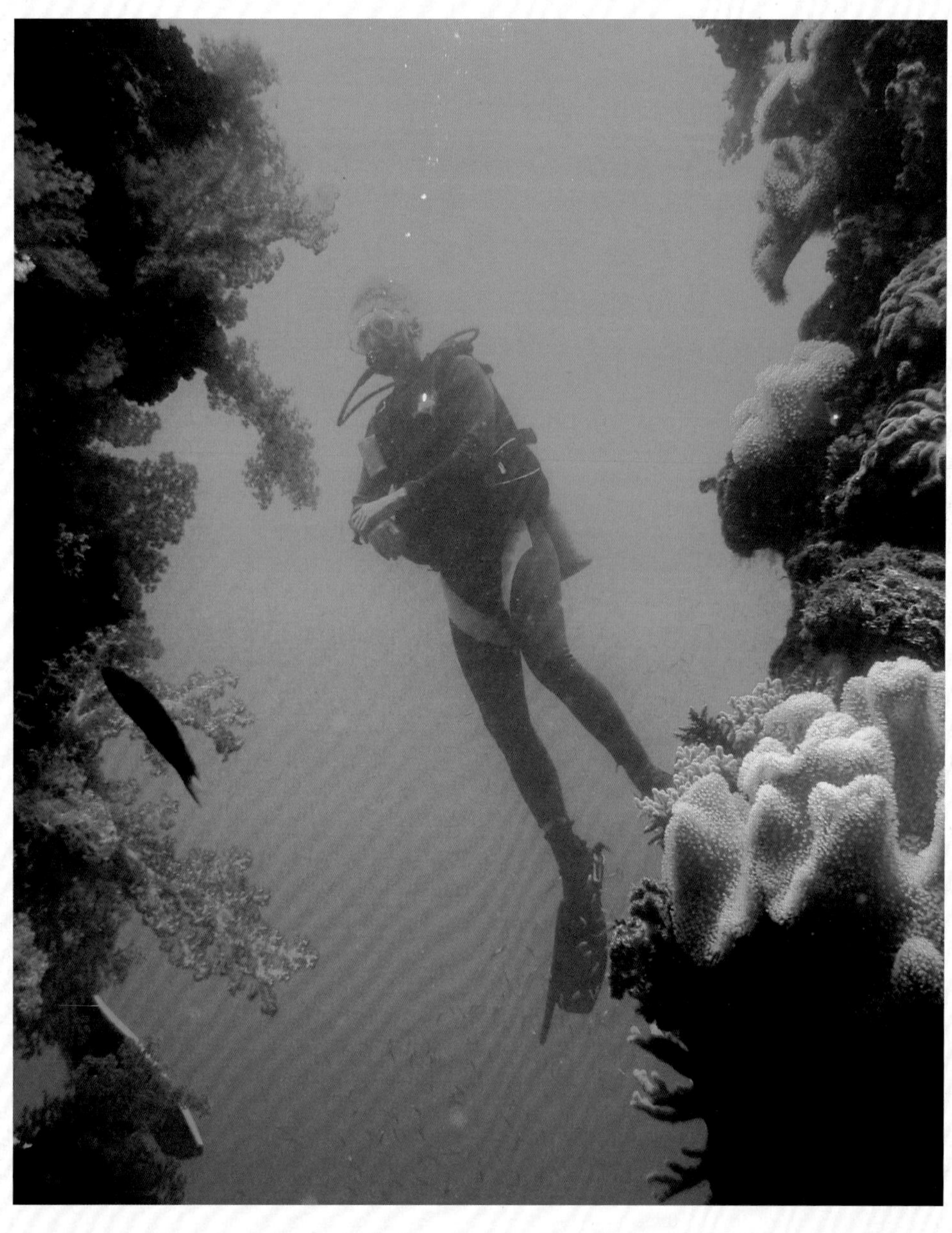

左图：休闲潜水的发展让科学家可以以一种成本相对较低的方式对海滩进行检测。

海难促成深海潜水器发展

1963年，美国海军核潜艇长尾鲨号（USS Thresher）在一次潜水测试中发生故障并且内爆，致使129人丧生。这场军事悲剧让人们意识到深潜器的用途可能更广泛。由于美国海军一直计划在长尾鲨号的基础上建造一种新型潜艇，因此就需要找到这艘核潜艇并查明故障发生的原因。于是，美国海军派遣最新购入的里雅斯特号深潜器，在260平方千米（约100平方英里）左右的海域搜寻。这可不是件容易的事，因为它的速度非常慢，对它的追踪也很困难。在第三次下潜时，船上终于有人在距新英格兰海岸2.4千米（约1.5英里）的地方发现了长尾鲨号的残骸。

美国海军考虑到未来还可能发生类似事故，所以必须要促进新型潜水器的研发，于是“深潜系统”项目就诞生了。当时，美国经济强劲，军事工程师们已经开始建造最先进的飞机、潜艇和宇宙飞船。随着深海技术的发展，海上救助似乎也自然而然地发展起来。在一年的时间里，美国海军研究办公室和伍兹霍尔海洋学研究所

下图： 图示为发射美国核潜艇长尾鲨号，它在一次潜水测试中发生内爆。

（伍兹霍尔海洋学研究所成立于1930年，从事海洋科学与工程研究）的科学家发明了一种更加灵活的新型深海潜水器。它被命名为阿尔文号（Alvin）载人潜水器，以此纪念伍兹霍尔海洋学家、载人深海探险冠军阿林·范恩（Allyn Vine）。

阿尔文号与其他深海潜水器相比体重较轻，重17吨、长6.7米（约2英尺），船体是白色玻璃纤维，带有厚壁钢压力球。复合泡沫塑料（由预先制成的空心球体组成）材料让它可以漂浮。并且它也能下潜至1830米（约6000英尺）的深处。1966年，一架空军B-52轰炸机和一艘油轮在西班牙上空相撞，一枚氢弹掉落在地中海。于是阿尔文号被派遣出去，成功找回了炸弹，这也是它首次亮相。这次成功之后，人们对潜水器进行海底作业的能力越来越有信心。

20世纪70年代初，阿尔文号被计划用于“法摩斯计划”（FAMOUS，全称为French-American Mid-Ocean Undersea Study，即法美联合大洋中部海底研究计划）。这个雄心勃勃的科学计划目标是下潜至北纬36°到37°之间的大西洋中脊处。科学

下图： 深海潜水器阿尔文号，1965年，由美国海军研究办公室和伍兹霍尔海洋研究所研发。

右图： 本·富兰克林号潜水深海艇，可供6名科学家在此生活数周。

家希望能在此观察到地壳板块的边界活动，也就是海底扩张形成新地壳的地方。在准备这项计划的过程中，为了能下潜到3660米（约12000英尺），阿尔文号的钢体外壳被替换为钛金属外壳。

为了潜到目标区域，科学家下潜了42次，进行了25次巡航，在这个过程中，他们遇到了新的火山形态、海底大裂缝与裂纹，以及可能是热水流沉积而成的金属沉积物。他们拍摄了10万张海底照片，收集了岩石、沉积物和水样，并精确记录了这些物质所在的位置，还提取了两个岩芯样本。此次探测证明了海底扩张运动并非一个向内挤压的过程，而是新生洋壳沿大洋中脊向两侧扩展，这一问题曾备受争议。阿尔文号在此次项目中的表现非常出色，伍兹霍尔海洋研究所的科学家以及该项目美国方面的负责人詹姆斯·黑兹勒（James Heirtzler）认为，阿尔文号让科学家在深海底部的工作变得相对容易。

当时，其他潜水器也已投入使用，它们的发展既是为响应海军部研究海洋技术的号召，也因为人们猜测深海可能蕴藏石油与矿产资源。在这些新型潜水器里就有雅克·皮卡尔（Jacques Piccard）设计的本·富兰克林号（Ben Franklin）中型潜艇。该船是为了探索墨西哥湾暖流（多年以前，本杰明·富兰克林绘制关于墨西哥湾暖流的第一张地图）而设计的，能够容纳6人，维持30天时间，在150—550米（500—1800英尺）处漂流2410千米（约1500英里）。这艘潜水深海艇配有最先进的设备，能够测量重力、地球磁场、水层吸收的光量，水流速度、方向、温度、盐度、深度，以及海水湍流度与水中的音速。潜艇还带有侧向扫描声呐，该技术是从早期的回声探测仪发展而来，有了这个深海潜艇，科学家能更准确地绘制海底地图。

上图： 1969年，科学家乘坐本·富兰克林号潜艇随墨西哥湾暖流在海上漂流的过程中，进行了200多万次科学测量。

该潜艇能漂浮在水面，人们可以追踪它的轨迹，它以4千米（约2.5英里）每小时的速度成功从佛罗里达州的棕榈滩海岸漂流到新斯科舍的哈利法克斯。虽然人们在潜艇上要经受从冬日般寒冷到蒸桑拿般炎热的变化，并且在运行过程中经历剧烈颠簸，但此次探索还是取得了成功。船员总共进行了200多万次科学测量，不仅帮助人们进一步了解海洋学和海洋生物学，而且还提高了人们应对充满挑战环境的能力。此次探险发生于1969年7月，虽然被当时阿波罗11号登月的重磅消息盖过了风头，此次探险收集到的数据却成了日后人们增强对墨西哥湾暖流认识的基础。现在，人们已经非常明白，针对海洋内部的研究不仅可以实现，并且得到的结果远远好于海洋表面测量。

海洋学的兴起

19世纪，随着人们出海远航，探索海洋的生物、化学和物理特征，海洋学开始渐渐兴起。尤为重要的是1872年至1876年的挑战者号远航，这次远航将海洋生物、水化学和海底形状等方面的研究联系起来。20世纪初期，美国圣地亚哥斯克里普斯海洋研究所的科学家哈拉尔德·斯维德鲁普（Harald Sverdrup）、马丁·威格·约翰逊（Martin W. Johnson）和理查德·弗莱明（Richard H. Fleming）发表了《海洋：物理、化学和生物科学》（*The Oceans：Their Physics，Chemistry and General Biology*）一文，将海洋学定义为一门统一的学科，也为今后这门学科的教学工作提供了框架。第二次世界大战期间，先进技术的进步促进了海洋学的发展，也促进了这一学科的扩展。如今，技术不断进步，人们可以进入以前不适宜居住的地方，人们的数据处理能力也得以提高，海洋学也在不断发展。

下图： 哈拉尔德·斯维德鲁普为定义海洋学做出了巨大贡献。

JOIDES Resolution

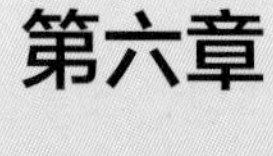

第六章

学海无涯：永无止境的海洋科学探索

科学家在海底钻探、在波涛下探索、从太空中观察海洋。他们的研究为生命起源提供了一种新的观点，并提高了人类对海洋物种的认知。与此同时，科学家的研究也证明了气候变化，揭示了人类活动对海洋环境的破坏。未来，人类实现海洋可持续利用的关键就在于收集更多海洋数据。

左图： 图示为大洋钻探计划以及综合大洋钻探计划中所使用的一艘钻探船乔迪斯·决心号（JOIDES Resolution）。20世纪60年代，一些十分先进的钻探船被不断派往深海执行海底钻探计划，此船就是其中一艘。

海底钻探揭示大量信息

20世纪30年代，科学家尝试利用活塞取芯技术从海底提取部分沉积物。该技术是将一根重型管子插入海底来提取样本。尽管在那时，岩心钻取技术已被用于石油行业，但该技术仍属于机密。最早，海洋科学家只能钻取几米长的岩心。但到了1947年瑞典“信天翁号探险队”（Albatross）起航的时候，随着这项技术已经足够先进，人们已经能钻取15米（约49英尺）长的岩芯。这也是第一次，研究人员可以直接接触到数百万年来记录海洋与气候的原始沉积物与岩石。20世纪60年代初，随着“莫霍计划”（Project Mohole，试图钻穿地壳到达莫霍界面，即地壳与地幔的分界面的计划）的启动，岩芯钻取技术开始用于地质调查。一组科学家将4个舷外发动机接在驳船上，做成一个钻探平台，使其可以动力定位。这样一来，整个团队就能让钻取设备保持稳定，成功钻透170米（约558英尺）厚的沉积物和13米（约43英尺）厚的底层玄武岩。玄武岩是融化的火山岩，对它的发现有助于证明大陆漂移理论。尽管科学家最初的计划没有成功，但美国总统约翰·菲茨杰拉德·肯尼迪（John F. Kennedy）还是给他们发送了祝贺电报，对他们的努力表示认可。

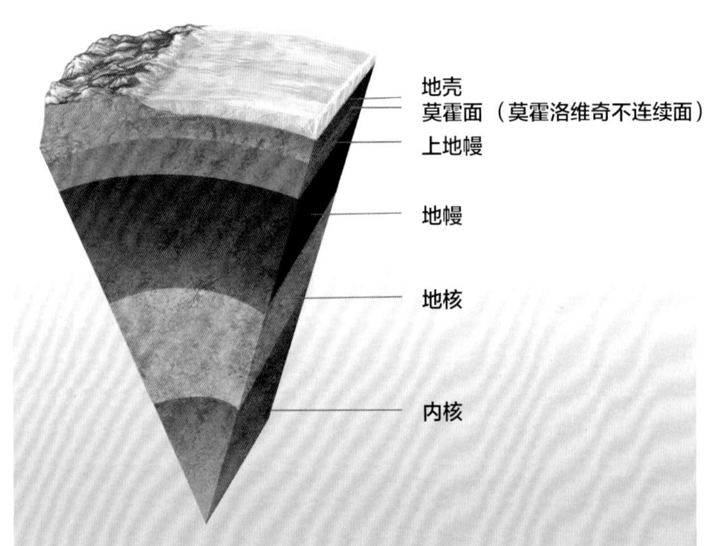

左图： 莫霍界面，地壳和地幔之间的界线。

下图：“莫霍计划”开启了一种将船只固定以从海床钻取岩芯的方法。

上图： 格罗玛·挑战者号进行的钻探工作有助于帮助证明海床扩张的假设。

自1968年起，随着深海钻探计划[①]的实施，海洋钻探进入一个新阶段。该计划一直持续到1983年，科学家在大西洋、太平洋和印度洋、地中海和红海区域进行钻探和取芯工作。该计划由5家美国海洋研究机构共同发起，它们分别是拉蒙特-多尔蒂地球观测站、迈阿密大学海洋和大气科学研究所、斯克里普斯海洋研究所、华盛顿大学以及伍兹霍尔海洋研究所。使用的钻探船是“格罗玛·挑战者号”（Glomar Challenger）。该项目最大的成果是证明了海底扩张学说，支持了板块构造理论。根据1968年在美国和非洲之间的南大西洋提取的岩芯表明，随着地壳与大西洋中脊的距离增加，地壳年龄也呈线性增长。海底年龄不超过2亿年，而地球的年龄有45亿年，相比于最古老的陆地质，海底地质要年轻很多。1975年，德国、日本、英国、苏联、法国与美国共同

①：深海钻探计划（the Deep Sea Drilling Project）是1968年至1983年期间实施的一项海洋钻探计划，其目的是在世界大洋打大量不太深的钻井，采集沉积岩心，取得洋底地壳上层的资料。

合作继续这项工作，造就了一段堪称典范的国际科学合作佳话。

1983年该项目结束后，海洋钻探计划（Ocean Drilling Program）便被提上了日程。此次计划的科学顾问方是德州农工大学，为了实施这次计划，科学家租用了一艘更现代化、功能更多的船只，它被重新命名为乔迪斯·决心号（“乔迪斯”展开后的全称是“地球深部取样海洋研究机构联合体”，Joint Oceanographic Institutions for Deep Earth Sampling）。此后20年里，大量国际合作者乘坐此船进行深海钻探和岩芯提取工作。他们在全球海洋盆地处进行了1797次钻探，总共获取的岩芯有222430米（约

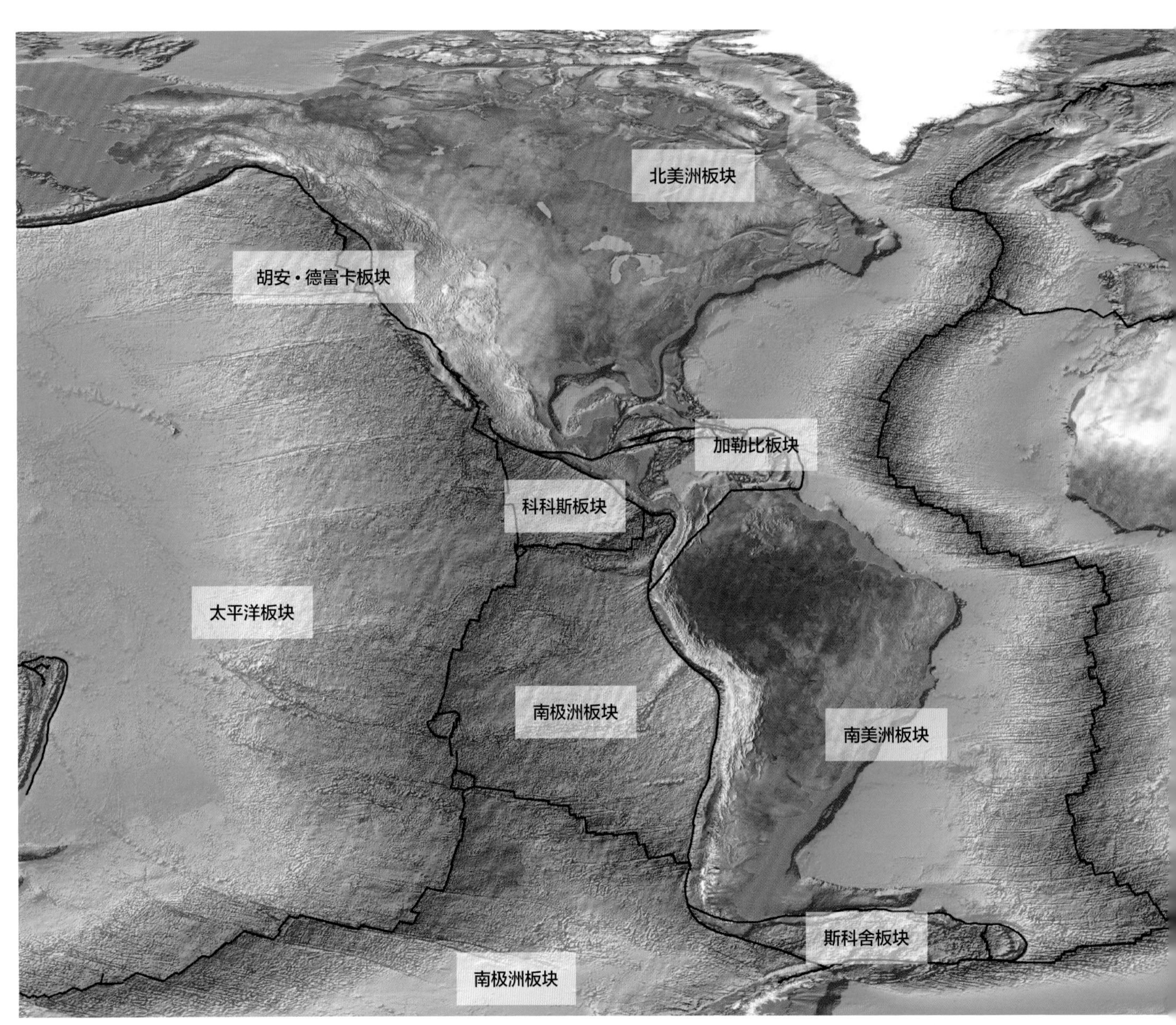

上图： 此图展示的是洋壳的年龄。上面清楚地显示了新海床（红色部分）形成于洋中脊周围。

729757英尺）高。对这些样本的科学分析大大地提高了人们对板块构造过程、地壳的构成和结构、古代海洋的普遍环境条件以及气候变化的认识。

直到2003年，该项目才正式结束，但在20世纪90年代中期，一项新的海洋钻探计划已经蓄势待发，盖过了它的风头。2003年，“综合大洋钻探计划”（Integrated Ocean Drilling Program）取得成果，该计划使用了几个钻井平台，让科学家能够从海底的新区域提取样本。这些就是升级后的乔迪斯·决心号，即日本深海钻探船地球号（Chikyu）和各种特定任务的平台。10年后，来自26个国家的“综合大洋钻

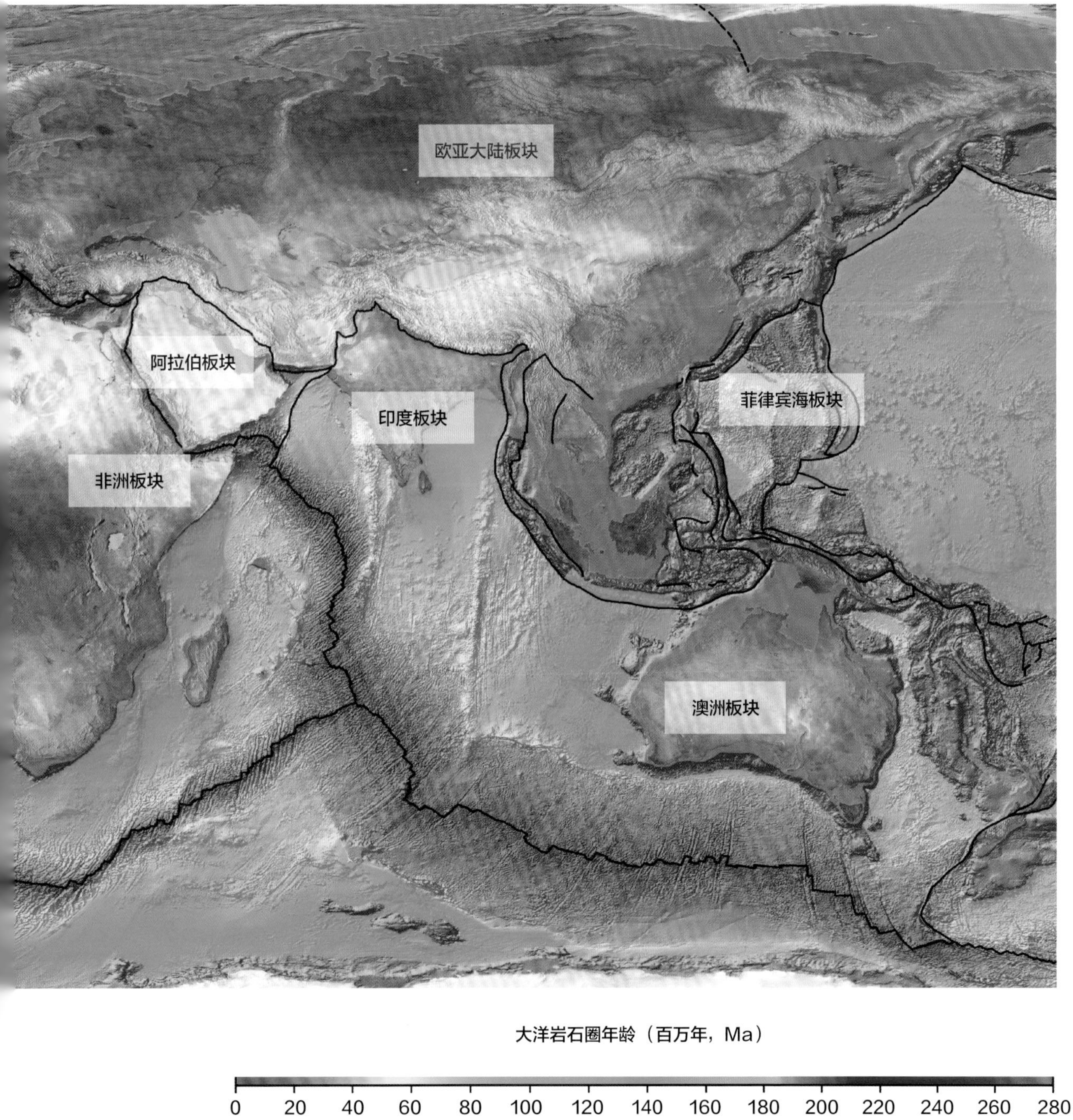

欧亚大陆板块
阿拉伯板块
印度板块
菲律宾海板块
非洲板块
澳洲板块

大洋岩石圈年龄（百万年，Ma）

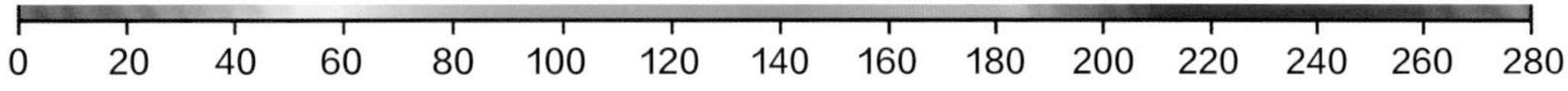

左图： 正在进行最深的海洋核心钻探。

下图： 此处是加拉帕戈斯群岛附近，科学家首次在此印证了海底扩张学说。

探计划”的合作伙伴们继续进行国际海洋探索的“探索海底的地球计划”。

这个项目一直持续到现在，人们通过该计划提取到的岩芯，知道了南极洲曾被热带森林覆盖，揭示了海平面1000万年的波动记录；明白了海底地震的形成机制；在地表1000米（约0.6英里）下的地壳最深处发现了生命存在的证据。2010年，科学家在新西兰海岸附近钻探出1927米（约6322英尺）深的海底岩芯样本，是迄今为止钻探到的最深海底岩芯。

1969年12月，当时海洋钻探技术刚刚被海洋学家使用，斯克里普斯海洋研究所的科学家梅尔文·彼得森（Melvin N. A. Peterson）在《科学》(*Science*）期刊上发表文章，他写道："很难想象还有别的国家级项目能影响如此多的科学分支。"后来事实证明梅尔文·彼得森对海洋钻探重要性的预测出奇准确。50年来，人们利用这个技术了解了从地球气候的历史到海洋盆地形成等多个方面的知识，提高了对地球动态系统的理解。2018年，在《海洋学》(*Oceanography*）期刊庆祝海洋钻探技术50周年的特别版块上，安东尼·科伯斯（Anthony A. P. Koppers）与其他人写道："当人们在地球、海洋及生命科学领域的研究面临挑战时，海洋钻探技术已经相当成熟，它不仅能在20世纪60年代的深海钻探计划中发挥重要作用，而且将为现代社会的科学研究做出巨大贡献。"

水下发现启发人们重新思考地球上的生命

20世纪70年代早期，在加拉帕戈斯群岛附近工作的海洋学家就曾检测到地震、记录了异常高温的海水温度并且在海洋中脊的某个区域发现了一些特别的大型白色蛤蚌。1977年，由30名海洋地质学家、地球化学家和地球物理学家组成的探险队搭乘深海潜水器阿尔文号对该区域进行深入调查。此次调查让人们见识了海底扩张运动的发生，推翻了生命在深海区域发展缓慢的假设，并且提出了全新的地球生命起源假设。

该科学团队到达加拉帕戈斯裂缝的观测点时，首先派出了ANGUS（“声控地质深拖摄像系统”，全称Acoustically Navigated Geophysical Underwater System）无人潜水器前往海底进行扫描。ANGUS无人潜水器拍摄到了枕状熔岩，这是由岩浆从海底裂缝喷出后与冰冷海水相遇、冷却后形成的。这种熔岩外形平滑、似波浪状，与夏威夷海域的绳状熔岩相似；在此之前，科学家还记录

左图： 一种名为“黑烟囱”的深海热液喷口。

了温度异常的蓝色海水区域，那里云雾笼罩，栖息着数百只白蛤与棕色贻贝壳。这就是关于热液喷口的最早记录。

3名科学家乘坐阿尔文号到热液喷口处近距离观察时，被眼前的景象惊呆了，他们看到熔岩裂缝中涌出温暖的、微微发亮的液体，这种化学物质从裂缝中析出并在熔岩表面沉淀，很快变成了浑浊的蓝色。在喷口四周，有大量30厘米（约12英寸）大的白色蛤蜊聚集在此。此次潜水不久后，科学家又前往其他的喷口处，并且发现了帽贝、白色螃蟹和巨大红顶白色长尾管虫等其他生物。在那个时候，人们普遍认为海洋中的生物依靠从海水表面降落下来的食物生存。所以，当研究人员看到

右图： 枕状熔岩是海底火山口溢流岩浆经过海水快速冷却形成的。

眼前这一切时，非常震惊，他们无法理解为何这些生物能在海底2500多米（约8200英尺）深的黑暗中生存。

科学家在海底观察到了正在进行中的海底扩张运动和一种全新的生态系统。如今，我们已经知道，在洋中脊的这些地方，岩浆会加热覆盖在它上面的岩石。冰冷的海水从裂缝中渗出，与这些岩石相遇后温度升高并且开始吸收矿物质和化学物质，然后通过热液喷口以一种间歇泉的方式向外喷发，其中的化学物质与冷海水接触后发生沉淀，在喷口周围呈烟囱状。这种富含矿物质的热流体为微生物提供了食物来源，这些微生物会被深海生物吃掉，或者寄生在深海生物体内。例如，巨型管虫（Riftia）以细菌为食，同时为细菌提供生存空间。

上图： 生活在热液喷口附近的巨型管虫。

地球上大部分生态系统都依靠阳光获得生产食物所需的能源。生物体通过光合作用，利用太阳能将二氧化碳和水转化为糖和氧气。所有植物和某些细菌都通过这种方式生产食物。而化学合成生物则利用无机化学反应释放的能量来生产食物。不同物种有不同的能量获取方式，生活在热液喷口附近的生物主要通过将硫化氢氧化，然后加入二氧化碳和氧气来产生糖、硫和水。光合作用和化学合成是地球上所有生命存在的基础。

自20世纪70年代，人们首次发现几个热液喷口以来，科学家在世界各地又发现了数百个热液喷口，大约800种动物和多种微生物栖息在这些地方。它们往往出现在岩浆与海水相遇的地方、山脊扩张的地方以及板块交界处。热液喷口分为“黑烟囱”（有硫化铁沉积的地方）和“白烟囱”（热液中的钡、钙或硅沉积的地方）两种。

上图： 如今科学家在全世界多地都发现了热液喷口。

现如今已知最深的热液喷口位于加勒比海5000米（约16400英尺）深度以下，属于“黑烟囱”类型，喷口处长满微生物垫、带刺海葵和虾。

2006年和2007年，人们在大西洋发现两处“黑烟囱”，从中喷出的热液温度高达464摄氏度（867华氏度），是现有记录的最高热液温度。这是首次在自然界中观察到以超临界状态出现的水，其密度大于蒸汽，小于液态水。科学家还发现了冷泉，在这里，富含碳氢化合物的水从板块构造运动的裂缝中流出。

科学家分析了海水在热液喷口和冷泉处增加和去除的化学物质后，进一步了解了数百万年来海水化学保持稳定的过程。他们认为每1000万—2000万年从全球洋中脊系统通过的海水是全世界海水的总量。

近年来，热液喷口是地球生命的发源地这个理论被越来越多人支持。2016年，德国杜塞尔多夫大学的一项研究表明：最后的共同祖先“卢卡”（LUCA）出现在38亿年前左右。研究人员对其可能拥有的355个基因进行确定后得出结论：卢卡繁衍生息的地方可能在火山口附近，因为那里的热水中富含氢、二氧化碳和矿物质，能为其提供所需的化学物质。

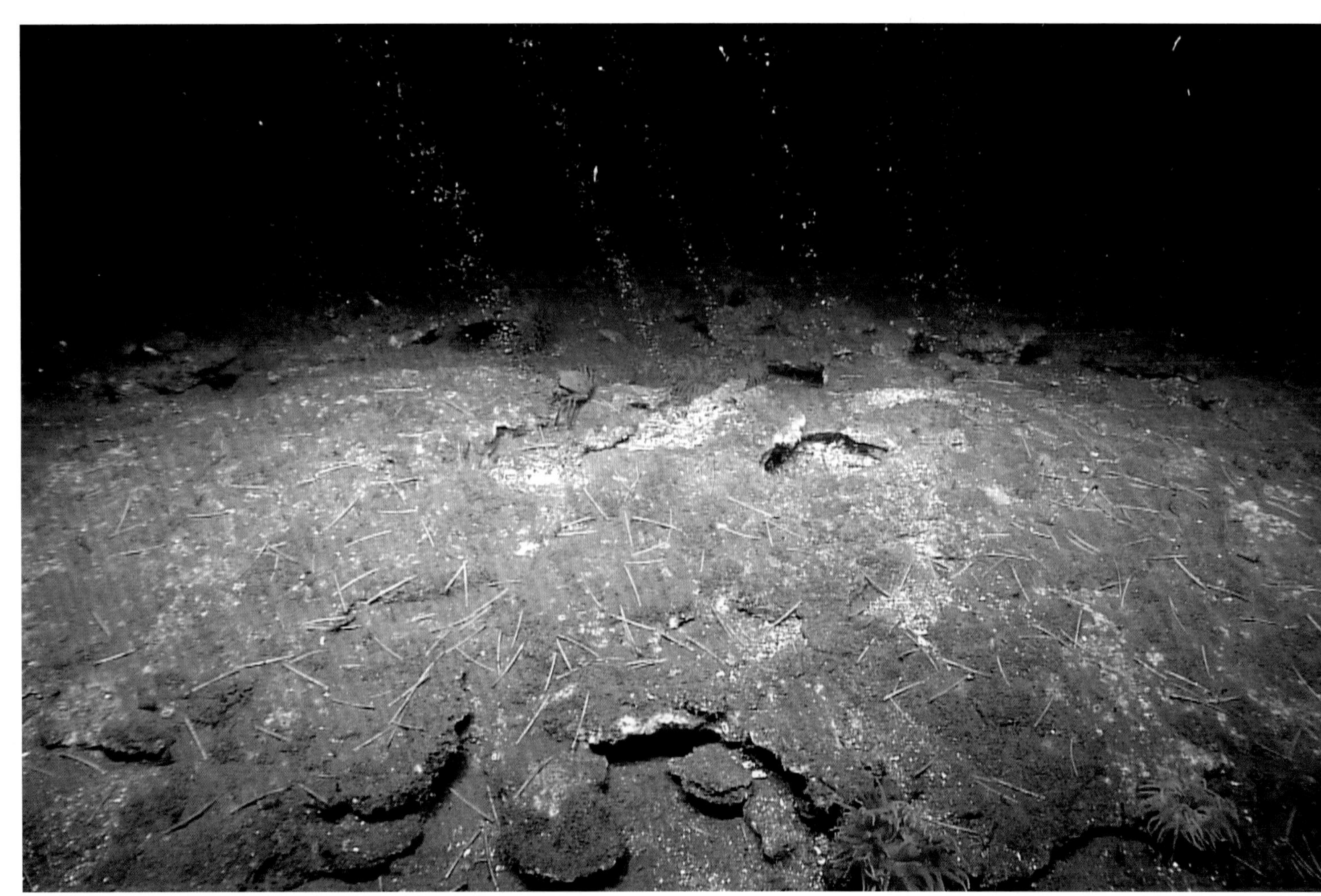

上图：此图为一处冷泉，这个地方富含碳氢化合物，该物质来自海底石油矿床。

大量数据的收集得益于技术的进步

海洋学家开拓新视野，从太空俯瞰海洋

20世纪60年代与70年代初，人类通过水星计划（Mercury）、双子座计划（Gemini）和阿波罗计划（Apollo）进入太空，从遥远的太空拍摄了许多地球的照片。这些照片揭示了海洋的特征，也启发着人们开始从太空收集世界海洋信息。早在1964年，第一场关于利用太空研究海洋的会议就在美国马萨诸塞州的伍兹霍尔海洋研究所举行。组织者吉福德·尤因（Gifford Ewing）在《从太空俯瞰海洋报告》(*Oceanography from Space event*）的序言中写道：

> 直觉告诉我们，未来，调查人员将会从新的制高点观察海洋，他们会遇到新问题，然后利用创造力解决问题。海洋学家一定会利用技术的发展找到新方法，促进科学的进步。

在20世纪60年代末和70年代初，类似的会议又举办了两次，强调了利用空间技术满足海洋数据需求。这些数据包括表层海流、地球与海洋潮汐、大地水准面（全球平均海平面模型）、风

上图： 20世纪60年代，人类从“双子座”飞船上观测到的印度洋。

速、波浪折射（波浪路径发生弯曲）与光谱（波能量的分布）的模式以及波浪高度。这些会议说明了在海洋学领域可以合理利用太空设备，并促进了一些国家级项目的发展。

早期的海洋观测卫星有美国国家航空航天局（NASA，下文以NASA表示）麾下的太空实验室（Skylab）和地球动力学实验海洋卫星（GEOS-3，下文用“GEOS-3”表示），它们分别发射于1973年和1975年。太空实验室的测高仪（在固定高度以上测量高度的传感器）成功观测到了因波多黎各海沟引起的大地水准面异常现象。美国国家气象局也收获了“GEOS-3”测量到的波浪高度精确数据，并将其用于海浪预测。与此同时，NASA的“TIROS”（Television Infrared Observation

右图： NASA的太空实验室卫星是第一个从太空观测海洋的卫星。

下图： 在卫星技术的帮助下，科学家能观察到海浪高度、海平面温度、沉积物厚度等海洋特征。

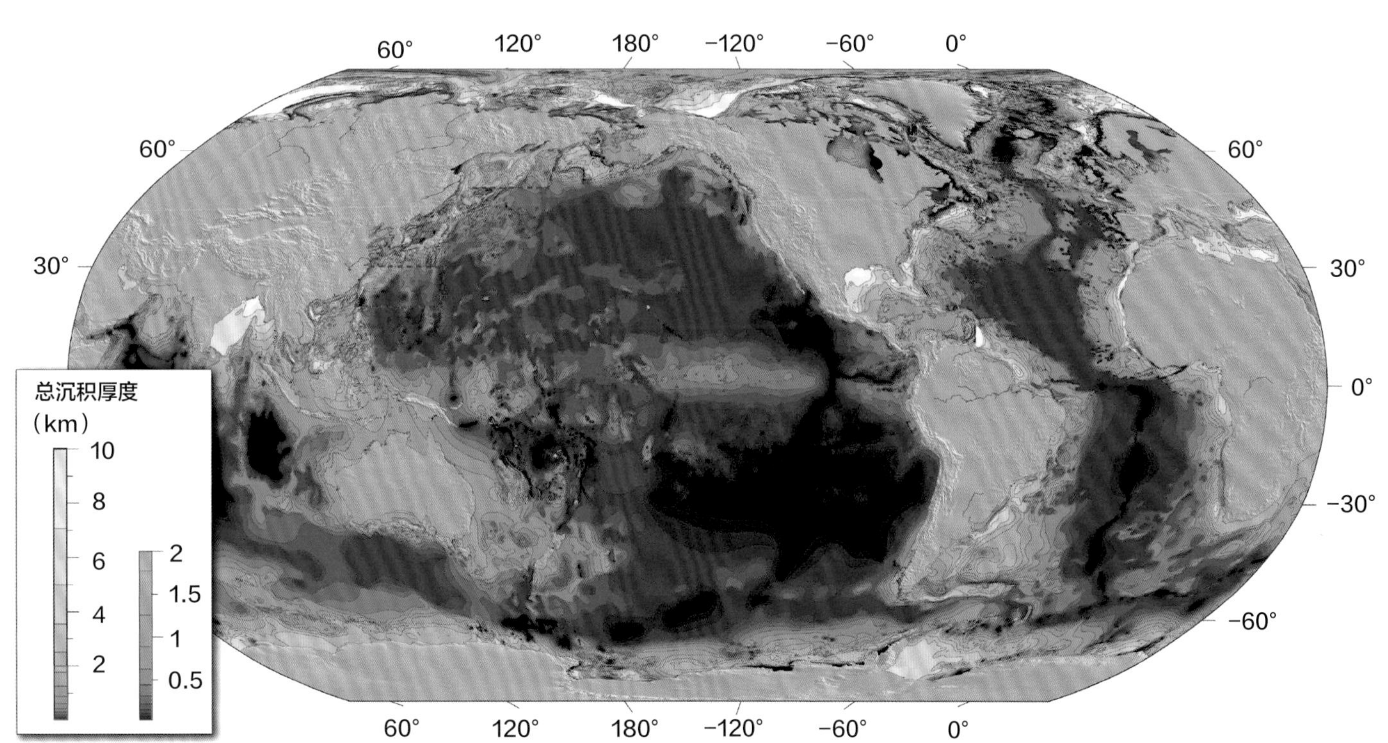

Satellite，红外波段遥感气象卫星，下文用TIROS表示）气象卫星计划也为利用红外传感器精确测量海洋表面温度铺平了道路。在这个时期，科学家还做了一些实验来判断是否可以通过海洋颜色确定海水中的沉积物与叶绿素浓度。

20世纪70年代末，美国发射了第二代卫星，其中包括第一颗海洋专用卫星——海洋星（Seasat，下文用Seasat代表）、以提供高分辨率昼夜环境数据为目标的TIROS-N卫星，以及用于探测、收集大气和海洋颜色数据的雨云7号卫星（Nimbus 7）。这些卫星测量海洋大地水准面的数据误差只有几米，并且提供了海平面风速和大气含水量的相关数据，此外，卫星上首次配有合成孔径雷达，能穿越云层观察到海洋的表面特征，如表面与内部波浪、边界流、上升流和降雨模式。虽然Seasat卫星的运作周期只有99天，但它成功完成了所有任务，并为今后海洋遥感卫星技术的发展奠定了基础。

右图：20世纪70年代，TIROS-N卫星被发射，用来收集环境信息。

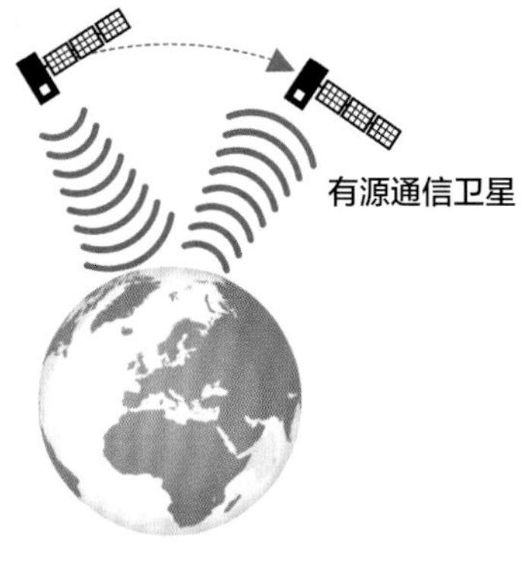

如今，由世界各地不同机构运行的卫星早已不胜枚举，科学家也受益于此，如此一来，可实施的环境监测项目就会更加广泛。传感器通过探测从行星表面反射回来的能量来收集数据。这些卫星分为无源传感器和有源传感器，无源传感器可以记录阳光等自然能量从地球表面释放或反射回地球表面。有源传感器利用内部能源，如雷达仪器发射的无线电波，能测量该能量从地球反射到传感器所需的时间。安置在电磁波谱不同部分的传感器具有不同的监测能力。能有效且以一种成本相对较低的方式收集来自某个地方以及全球范围的数据，包括人类无法到达的领域。如今利用卫星技术进行海洋观测收集到的数据有：海洋表面温度、海洋颜色、海洋表面的风、波浪高度及光谱、海洋表面的地形和盐度。这些数据被应用于天气预报、模拟气候变化，它们在确定最佳航线等方面发挥了重要作用。

下图： 这幅卫星图像显示了美国东北部的地球表面反射出的热量，其中白色和蓝色区域代表最冷，黄色区域代表最热。

NOAA/NASA

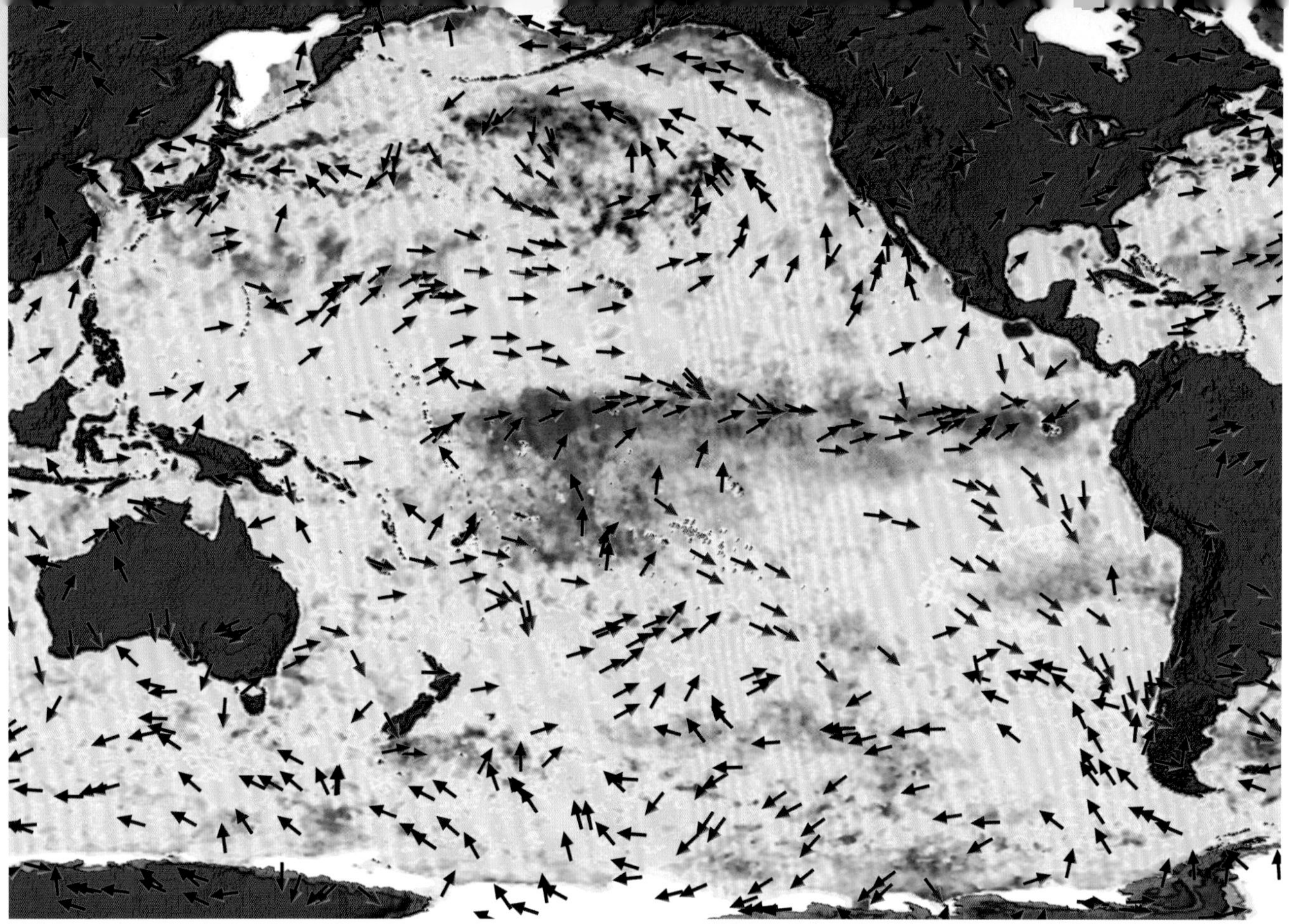

上图： 2002—2003年厄尔尼诺天气周期的卫星图像显示太平洋海面温度异常。比正常温度高的地方呈橙色，比平时冷的地方呈蓝色。箭头表示风向。

下图： 从空中能清楚地看到叶绿素含量丰富的地方。

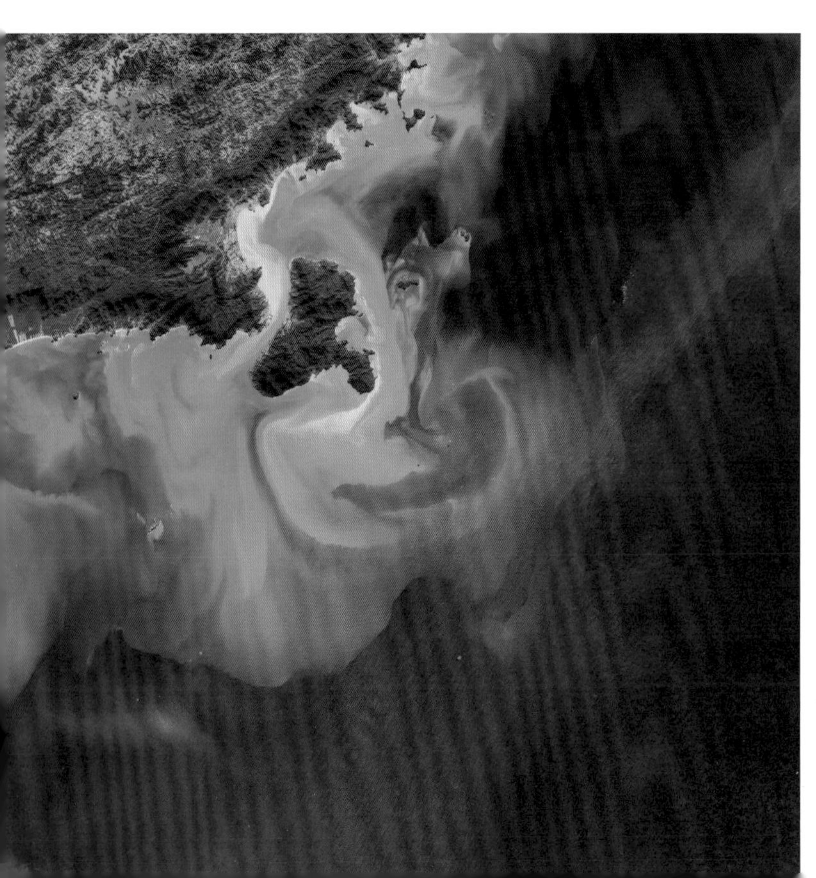

科学家可以根据卫星数据绘制一系列地图，用来表示不同海洋区域海水表面温度随时间的变化趋势。这些地图也有助于确定厄尔尼诺和拉尼娜等气候现象，其他极端天气和气候监测、预测，验证显示大气状况的模型，评估因为海水温度升高而引发的珊瑚白化问题以及帮助管理渔业。海洋表面温度图还可以表示水循环模式，如冷水从深处升起的上升流和包括墨西哥湾暖流在内的暖流。

与此同时，卫星观测的海洋颜色可以体现叶绿素（在植物、藻类和蓝藻细菌中发现的绿色光合色素）的浓度。海洋中的叶绿素浓度是浮游植物的标志。这些微藻类将二氧化碳转化为氧气，能满足将近人类需要的一半氧气。因此，监测浮游植物对于气候、碳循环和地球系统研究非常重要。浮游植物是海洋食物链的基础，因此知晓浮游植物的聚集地可以帮助渔业和水产养殖企业获益。此外，人们也可以通过海洋颜色辨别有害藻类的分布。

海洋表面是水与空气的交界处，水分和能量的交换也发生在这里。通过卫星观测，科学家提升了对风

和波浪如何影响支撑全球气候的海洋与大气间交换的理解。并且在监测风、浪高和波谱对预报风暴与海况、近海作业、船舶航行、渔业和沿海管理方面也很重要。随着气候变化的加剧，卫星成像在评估气候变化方面很有价值。2019年，科学家分析了31颗卫星数据后发现：过去30年里，全球发生极端风浪的次数有所增加，其中在南大洋海域的变化最为显著。

上图： 表示风速和风向的假色影像。橙色代表速度最快，蓝色代表速度最慢。白线表示方向。

自从“从太空俯瞰海洋”的会议证实了吉福德·尤因的观点，半个世纪以来，卫星技术的发展彻底改变了人类研究海洋的方式。然而，卫星观测传感器仍无法探测海洋内部，这就意味着只能观测到水面或近水面的有限区域。所以，将卫星数据与海底观测相结合才能更好地帮助科学家全面了解世界海洋，详细内容请参见下文。

海平面地图揭示了海底山脉

2019年，科学家根据卫星观测到的海洋表面数据绘制了目前最精确的全球海底地图。美国斯克里普斯海洋研究所的科学家利用法国-印度卫星传感器“爱缇卡”（AltiKa）收集的数据对先前的研究成果进行了更新。这些数据将卫星到海面的距离误差控制在21毫米（约0.83英寸）以内。

对波浪高度和潮汐数据的校正揭示了海洋表面的地形。由于海底山脉与海槽对其周围的水施加了或大或小的引力，所以海面会出现隆起与沟壑现象。而这些都是通过卫星数据来揭示的。

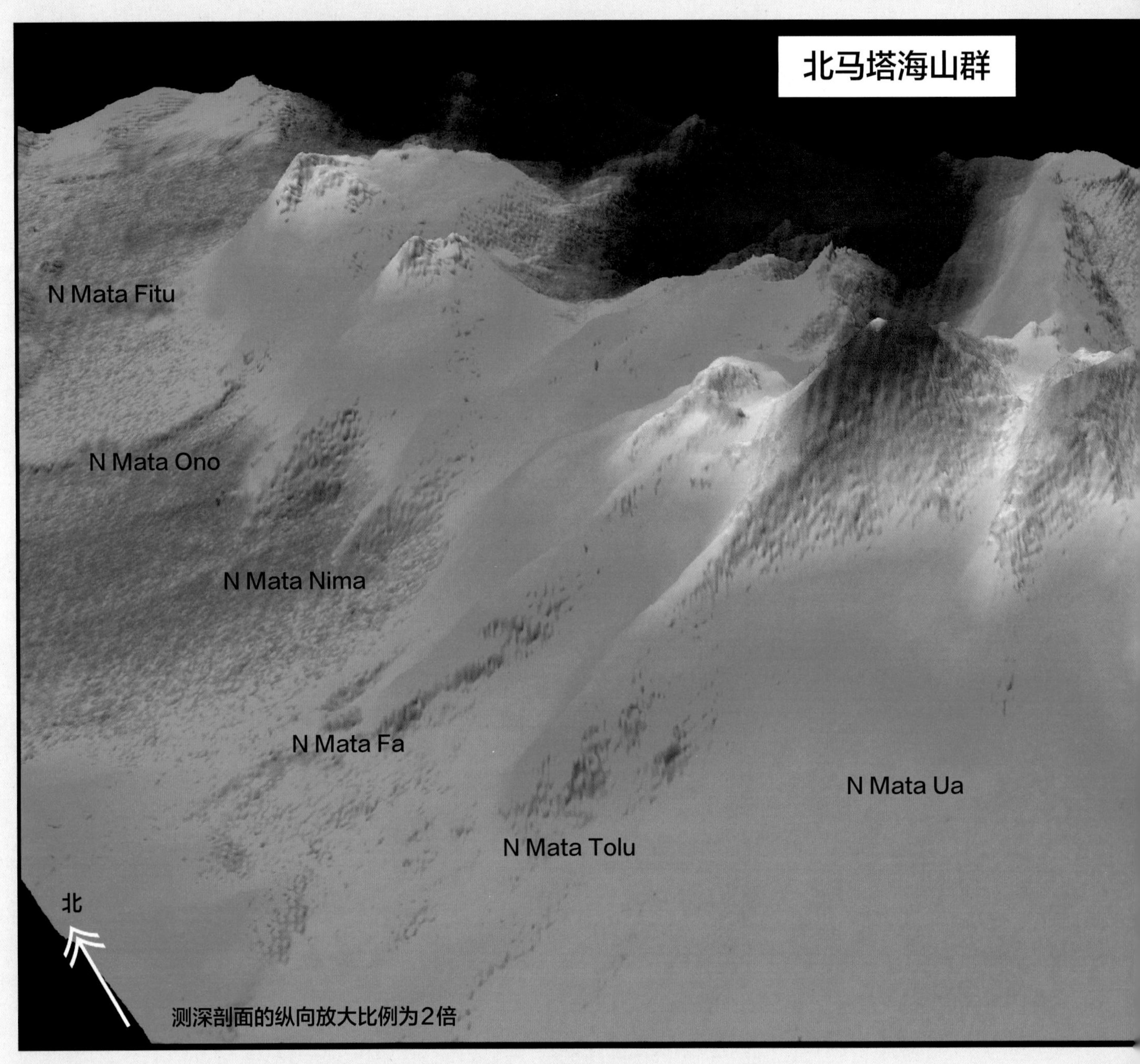

上图： 海床上的海底山脉（图中名称均为发现的海底山名字），其中有许多仍未被探索。

这次观测发现了数千个新的海底山脉，以及所有超过1500千米（约0.9英里）高的海底山。而之前最精确的重力地图（2014年绘制）上也只标示超过2000米（约1.2英里）高的海底山脉。2021年，NASA计划将发射“斯沃特”卫星（SWOT，地表水和海洋地形），届时，高于1000米（约0.6英里）的海底山脉将会被发现并被标示在海平面地图上。

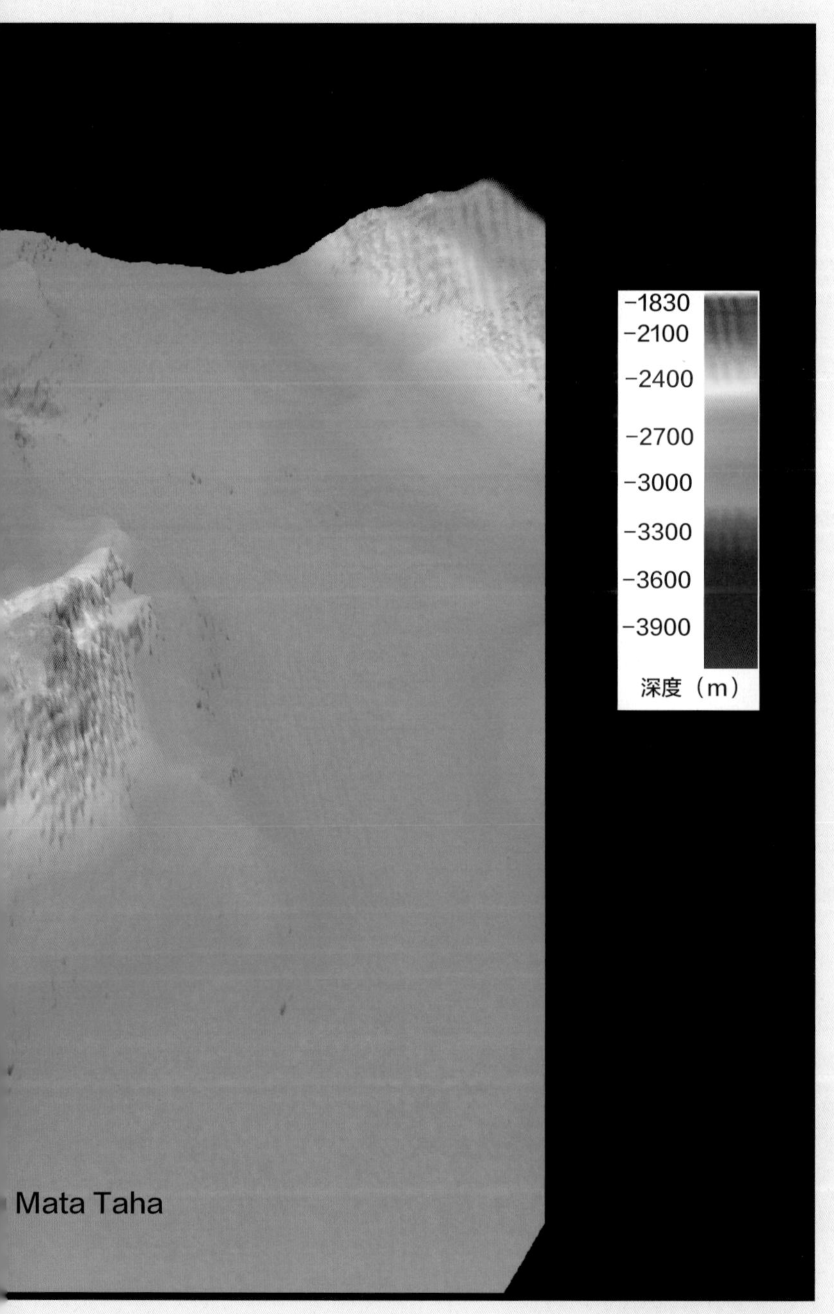

自主水下机器人捕捉海底数据

20世纪90年代末，科学家开始意识到海洋和大气以复杂的方式相互作用，控制着全球气候。

随着人类活动导致大气中温室气体含量增加，人们也越来越关注气候变化，因此，对海洋进行系统的全球观测也变得至关重要。卫星技术的发展让人们能实时地、准确地观测全球海洋表面特征。然而在水下，科学家收集到的数据仍非常不足。

1998年，一组海洋学家提议充分发展国际合作，利用现有技术在全球范围内的海域投放一批能自由采集数据的浮标，以此实现对全球海洋的实时观测，补充并解释卫星观测到的数据库。2007年有3000个浮标被投放海中，10年后增加至3800个。如今，有26个国家参与了“ARGO浮标计划”[①]这一全球海洋观测试验项目，并利用这些浮标处理数据，另外还有几个国家提供后勤支持和船舶通道。

这种圆柱状的浮标长约150厘米（约59英寸），以电池供电，寿命可达5年。一旦入海，它们就会沉入水下1000米（约0.6英里）深的地方，随海浪漂流10天。然后再下沉1000米，最后慢慢漂回地面，它们会在整个过程中测量温度和盐度。并且在水面通过卫星将数据实时传输到岸上的计算机中。2018年，在大西洋作业的ARGO浮标计划传输了该项目第200万份资料。

①：ARGO是“全球海洋观测网”（Array for Real-Time Geostrophic Oceanography）的缩写。

ARGO浮标计划的数据向公众免费开放，可被用于水产养殖、天气预测和教育领域。目前与这些数据相关的出版物有2800多份，主要被用于监测气候变化。一项将ARGO浮标计划的数据与1872年至1876年挑战者号探险中得到的数据相结合的研究表明：在这135年里，全世界大部分海平面高于900米（约2950英尺）的海洋区域，平均温度上升了0.3摄氏度。

与此同时，有项研究将2004年至2008年ARGO浮标计划获得的数据与船舶观测到的数据进行比较后发现，过去几十年里，世界上大部分地区的近表层海水温度都有所升高，有些地区甚至升高了1摄氏度以上。总的来说，自20世纪中叶以来，全球海洋上层的温度升高了0.2摄氏度，截止到2013年的其他研究也表明全球气温将继续上升。

自1955年以来，海洋成为应对气候变化的缓冲区，吸收了90%以上因温室气体而产生的多余热量，保护人类免受高温影响。这就意味着大气中影响冰川融化与地球变暖的热能很少，并且也只有少量热能致使大气升温。因此，尽管近来欧洲某些地区出现反常的炎热天气，人类目前受气候变暖（全球变暖的真正原因是人类使用化石燃料）的影响还非常小。

但是，海洋因为吸收了过量大气中的热量和二氧化碳，也在发生着变化。2013年，政府间气候变化专门委员会（Intergovernmental Panel on Climate Change）发表的《第五次评估报告》得出结论：额外热量导致海水出现“分层”现象，这种现象是因为水体性质不同、洋流机制变化以及贫氧区的扩张所导致的水流无法融合。此外，二氧化碳浓度提高了海洋酸性，致使许多海洋物种及生态系统变得脆弱，并且还对一些生物长成贝壳与骨骼结构产生影响。天气模式也因极端现象频频发生而发生着改变。

然而，对于许多气候变化问题，人类仍未找到答案。海洋学家想知道海洋究竟在哪里变暖，变暖的速度有多快，以及随着气候变化，未来海洋将吸收多少热量和二氧化碳。为了找到答案，科

左图： 科学家在海上放置ARGO浮标。

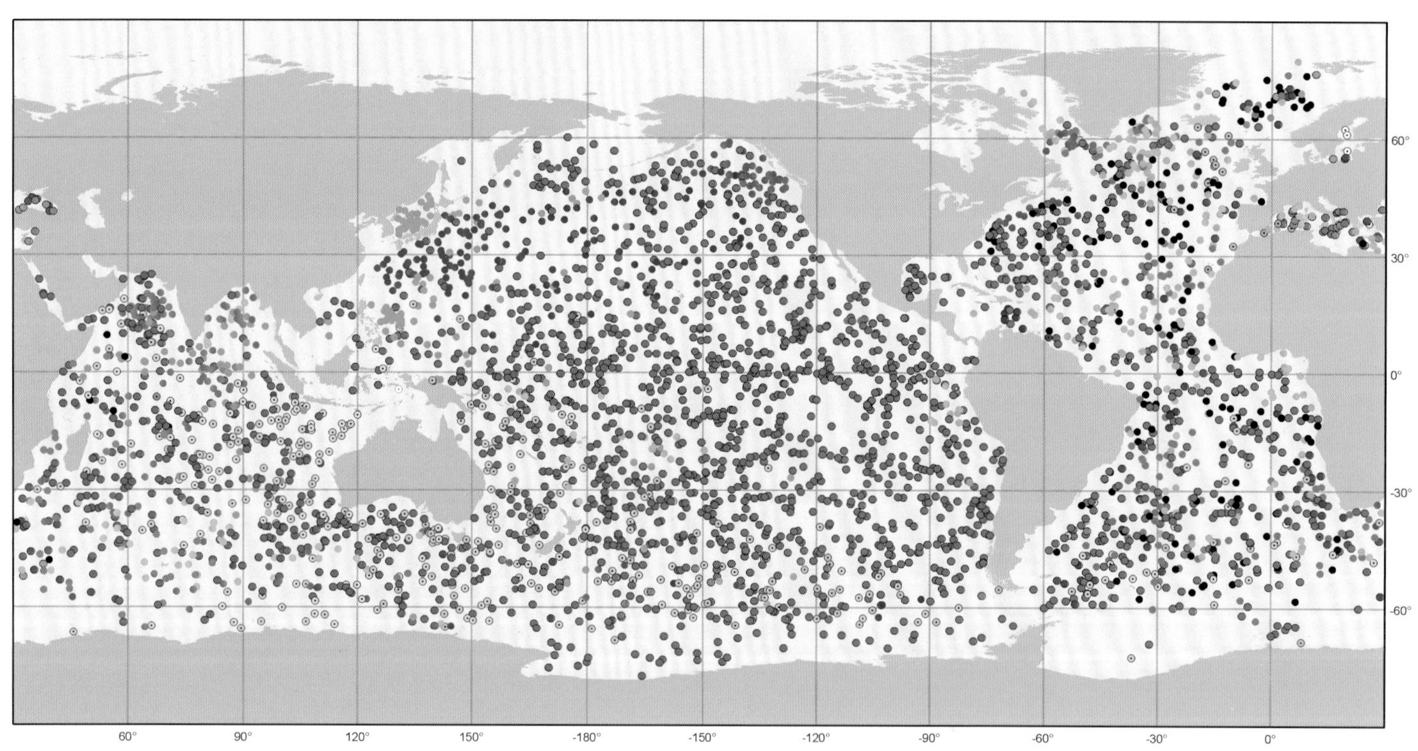

上图： 显示2018年2月运行的ARGO浮标的地图。不同颜色代表拥有浮筒的不同国家和地区。

学家计划扩大投放ARGO浮标计划的范围，包括将其投入季节性海冰区域。目前，科学家还在测试新型浮标，这种新型浮标的测量范围将更广，并且能采集海洋更深处的数据。

其中一种新型浮标带有生物地球化学传感器，可用来收集比如氧、酸碱值和硝酸盐等变量的数据。ARGO浮标计划的科学家可以用它来分析海洋酸化、缺氧和海洋生态系统健康等。现有的ARGO浮标计划可到达的平均海洋深度是4000米（约13120英尺），只能获取上层水域的数据，而新型深海浮标能够抵达6000米（约19685英尺）的垂直水域。这样一来，科学家就可以研究大洋环流等现象。洋流系统对全球热量、盐、碳与其他营养物质的分布非常关键，世界第一大海洋暖流墨西哥湾流（大西洋经向翻转环流）就是其中一个例子。

《纽约时报》（*New York Times*）的科学作家贾斯汀·吉利斯（Justin Gillis）认为ARGO浮标计划是“这个时代的科学胜利”。长期的国际合作和数据的自由共享促成了ARGO浮标计划的成功。如今人们仍然看好该项目，并且为其投入足量资金，未来，该项目的科学价值将会因技术进步而进一步提高。人们对该项目寄予厚望，希望它能在未来继续发挥关键作用，帮助科学家绘制出人类的活动是如何改变自然系统的图像，并且确定人类哪些行为可以减轻对环境的不利影响。

研究成果虽小，但对海洋影响巨大

在千禧年最初的10年里，两项研究向人们强调了进一步了解和保护海洋的必要性。第一个是“海洋生物普查计划”（Census of Marine Life），它揭示了人类对海洋生物的了解远远不够。这个项目持续了10年，来自80多个国家的2700名科学家参与其中，发现了6000多个潜在新物种，这些物种中比较稀有的包括：一种生活在马达加斯加岛附近的巨型多刺龙虾属物种*Panulirus barbarae*；曾被认为在5000万年前就已灭绝，但在澳大利亚珊瑚海域重新发现的侏罗纪虾（*Neoglyphea neocaledonica*）；还有“多毛”的深海雪蟹（*Kiwa hirsuta*），值得一提的是，科学家在复活节岛附近发现它后，一个新的科“雪人蟹科”（Kiwaidae）诞生了。通过该项目，科学家发现海洋中存在大量稀有物种。

这项研究让人们见识到了丰富的海洋多样性，并且将已知海洋物种的预估数量从23万增加至25万。此外，该研究还发现生命在任何条件下都有可能存在，无论是极冷极热的环境，还是没有阳光与氧气的地方。科学家利用基因条形码寻找不同生命体之间的关系，并且还研究了生命在海洋中的分布。通过这项研究，科学家发现西太平洋热带海域沿岸的物种多样性最高，并且大洋物种集中分布在中纬度海域。此次普查还发现了“未知物种”，这些物种在世界五分之一的海洋范围内没有任何记录。

科学家根据目击记录、捕获量乃至餐馆的菜单整理出不同物种的数量与大小的历史基线，并且利用这些数据对过去不久前发生的变化进行评估，他们记录了某些物种在数量和大小方面有所减少和变小，以及一些数量与大小恢复的实例。科学家发现，位于食物链底端且为人类提供氧气的重要浮游植物，它们的数量在全球范围内大大减少。研究小组以重量为标准计算得出，90%以上的海洋生物属于微生物。然而，他们发现，人们对生物的了解程度与其大小成反比，人类对微小海洋生物的了解程度远远低于对大型生物的了解。尽管科研团队做了很多工作，但是科学家仍无法可靠地估计海洋物种的总量。他们推断出的最佳估算是地球上存在100万种生物，以及数千万或数亿种微生物。

左图：海洋生物普查计划让人们见识了极高的生物多样性，包括科学上未知的物种。

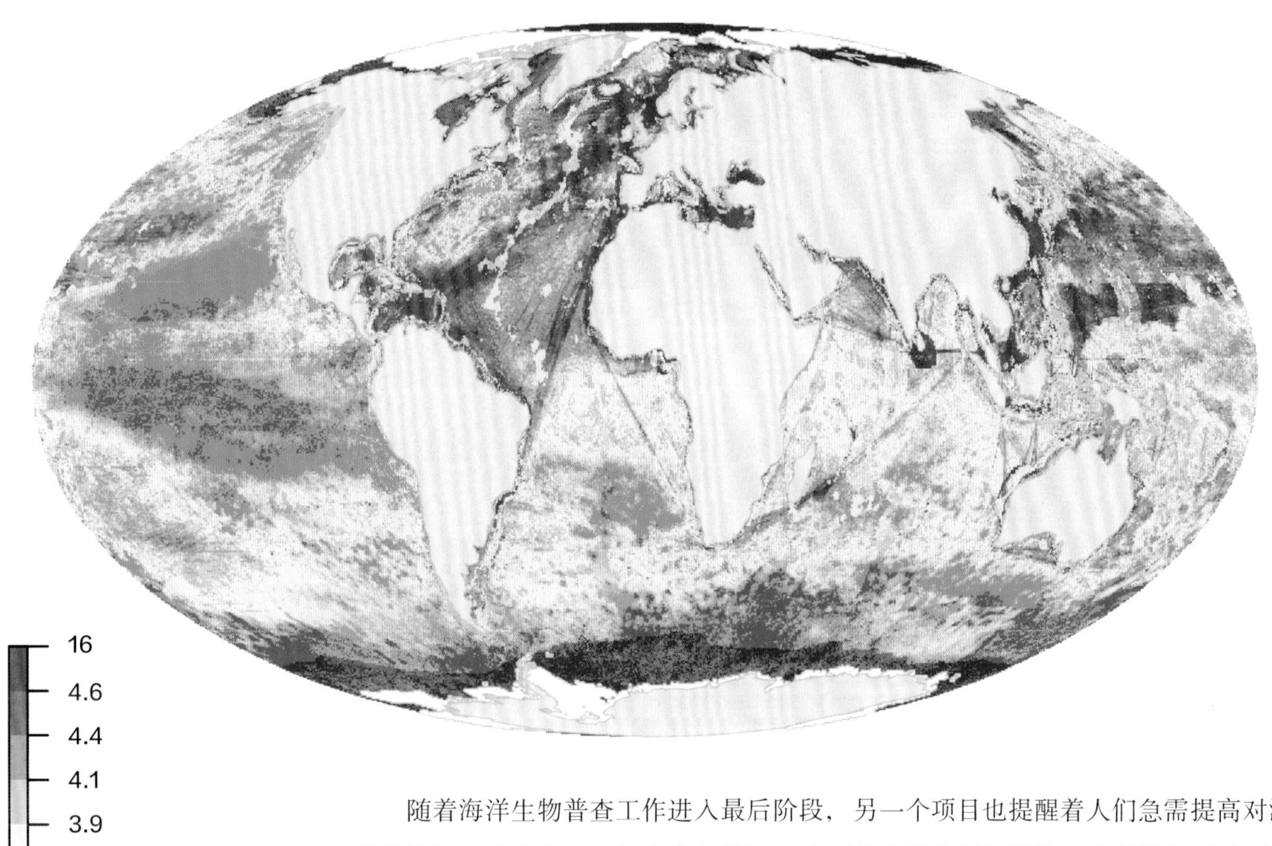

上图：2013年，人类对海洋生态系统的累积影响。一共有19个压力值，16（红色）代表影响最大，0（蓝色）代表影响最小。

随着海洋生物普查工作进入最后阶段，另一个项目也提醒着人们急需提高对海洋的认知。来自美国、加拿大与英国15个环境和科学研究所的19名科学家历时4年，绘制了一幅表示人类对海洋生态系统影响的全球地图。他们得出结论：人类活动对全世界41%的海洋面积造成了巨大影响，只有4%的海洋表面仍然保持相对原始的状态。

科学家将人类活动对海洋的影响分为17种，这些影响主要与气候变化、捕鱼和污染有关，然后评估了这些影响对20个生态系统的累积影响。在听取了专家对人类活动如何影响不同生态系统的意见指导下，科学家给每平方千米海洋受到的累积影响打分，并且绘成了地图。经研究发现，人类活动对北海、南海、东海、加勒比海和北美东海岸影响最大，对两极影响相对较小。虽然以前也有人研究过这些影响，但这是首次尝试将这些研究整合到一个数据库中。

如今，等待人们探索的海洋区域面积还非常广阔，尚不为人所知的物种也有许多，科学家不禁担忧：对于一些能造福人类的海洋生物，如海绵动物是生物活性细菌的良好来源，可被用于生产抗生素与抗癌药物，人类还没有对他们进行记录和调查之前，很可能就已经失去了它们。上述这些研究有可能帮助人们在利用海洋与保护生态系统方面做出取舍。《联合国可持续发展目标》(*The United Nations Sustainable Development Goal*）中的第14条表示："到2020年，人类需要利用国家与国际法以及可靠科学信息，保护至少10%的沿海和海洋地区。"然而，在2018年，一项发表在《海洋政策》(*Marine Policy*）期刊上的研究发现，可操作的海洋保护区（相当于自然保护区和陆上国家公园）只包含了3.6%的海洋区域，实现该目标的可能性变得非常渺茫。

塑料制品遍及海洋各处

近年来，大量塑料进入海洋，这俨然成为一个严重问题。据科学家估计，每年平均有880万吨塑料进入海洋（该数字截至2010年）。这些塑料最终会分解成塑料微粒，在海洋中漂浮数百年。据2014年的一项研究估计，海洋中漂浮的塑料碎片超过5万亿件，重量超过25万吨，严重影响了海洋动物。一项对鱼胃中含有的塑料成分的分析估计，鱼类每年从北太平洋亚热带环流（一个形成巨大生态系统的环状洋流）中摄入的塑料多达24000吨。

2019年，科学家在一项历时60年之久的浮游生物研究中，意外地发现了塑料制品的数量在海洋中呈现的骇人增长，并且据此绘制了变化图。该研究把鱼雷状的海洋取样装置拖在船后进行采样工作，在这个过程中，操作人员也将缠住记录器的东西、被缠的时间与地点手动记录在一个日记册中。通过这本记录册，科学家发现海洋面临的塑料污染越来越严重，在1957年，缠住记录器的只有几股鱼线，1965年出现了运输袋，而最近频频出现合成渔网、鱼线和其他捕鱼设备。

2019年，一项在美国加州海域的研究发现，海洋各个深度都有塑料的存在。根据研究人员的记录，在临近海面的地方，每立方米有2个塑料微粒；在300米（约985英尺）深处，塑料微粒增加至每立方米12个；在海平面1000米（约0.6英里）以下的地方，塑料微粒再次下降至每立方米2个。虽然要想完全清楚了解塑料制品在海洋中的分布还需要更多研究，但是研究人员最近在10926米（约35965英尺）深的马里亚纳海沟底部发现了一个塑料袋，这已经是人类第三次在海洋最深处发现了塑料袋。

下图：如今，塑料已经在海洋中无处不在。

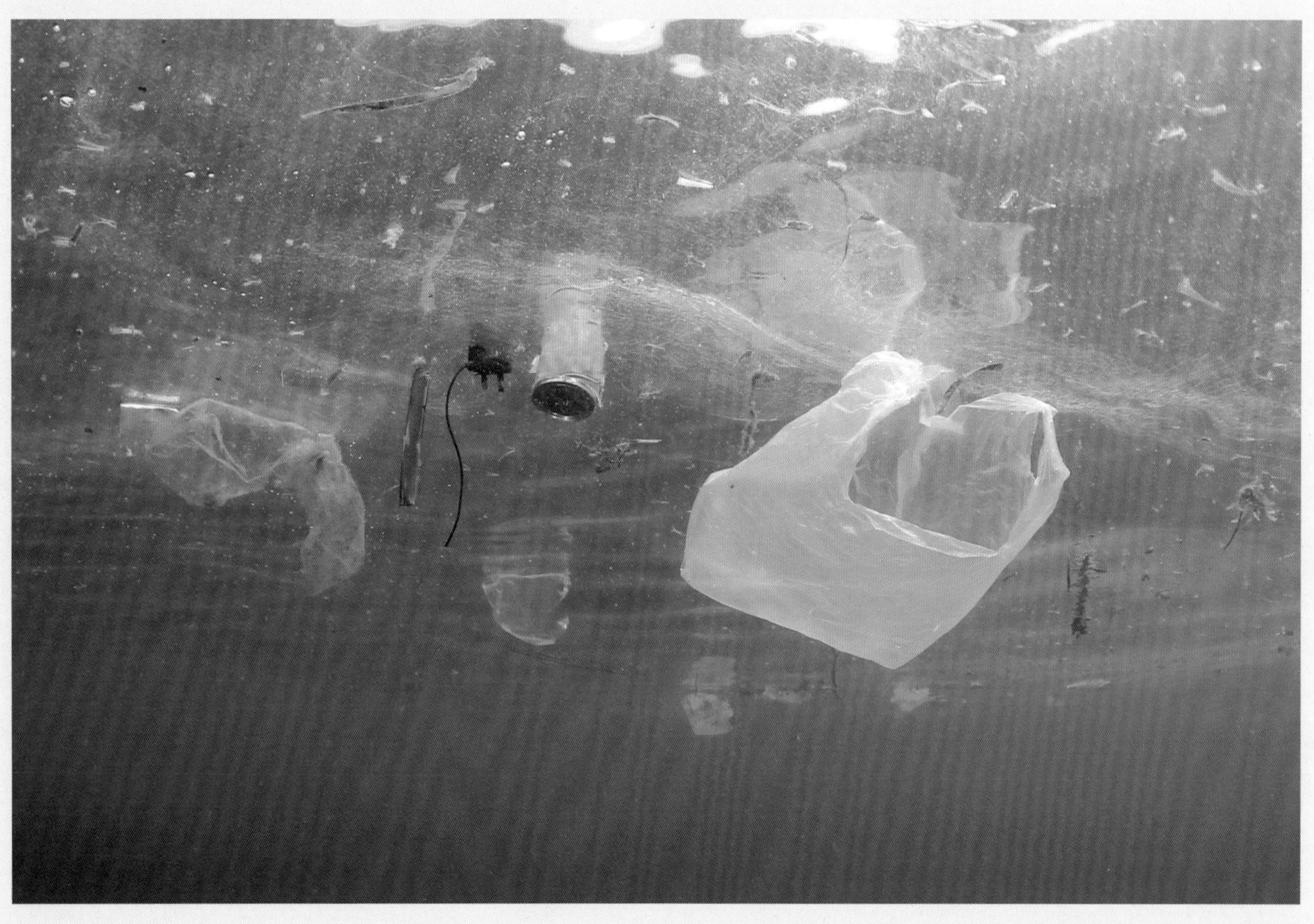

2030年前揭开整个海床的神秘面纱的计划

我们所居住的这颗星球，与其称之为“地球”，倒不如称之为“蓝色海洋的星球”更合适，因为海洋覆盖了地球表面71%的面积。并且，海底地形也比陆地地形更加明显。海底的平均深度是3700米（约12140英尺），而陆地的平均高度只有840米（约2755英尺）。过去几个世纪以来，尽管人类付出了巨大努力并在深海探测领域有了巨大进步，人们所能清楚观测到的1000米（约0.6英里）深范围内的海洋面积不及海洋总面积的18%。换言之，现如今有超过80%的海洋地图只能显示其跨度超过1千米的地貌特征。如果不了解海底地形的细节，我们就不可能真正明白在海洋表面与海底范围内所进行的诸多科研工作。

下图： 海洋覆盖了地表71%的面积。

不了解海底情况也可能会对各国的安全、护卫以及经济健康带来威胁。因为详细的海底水深测量知识对人们理解海洋环流模式至关重要，而海洋环流模式又影响着气候、天气模式、海啸的形成以及深海资源的开发等方方面面。此外，"蓝色经济"还为人类提供了3100万个全职工作机会，为30亿依靠鱼类获取蛋白质的人提供了食物来源，并且人类很有可能利用海浪获取可再生能源。由于当今世界对数字通

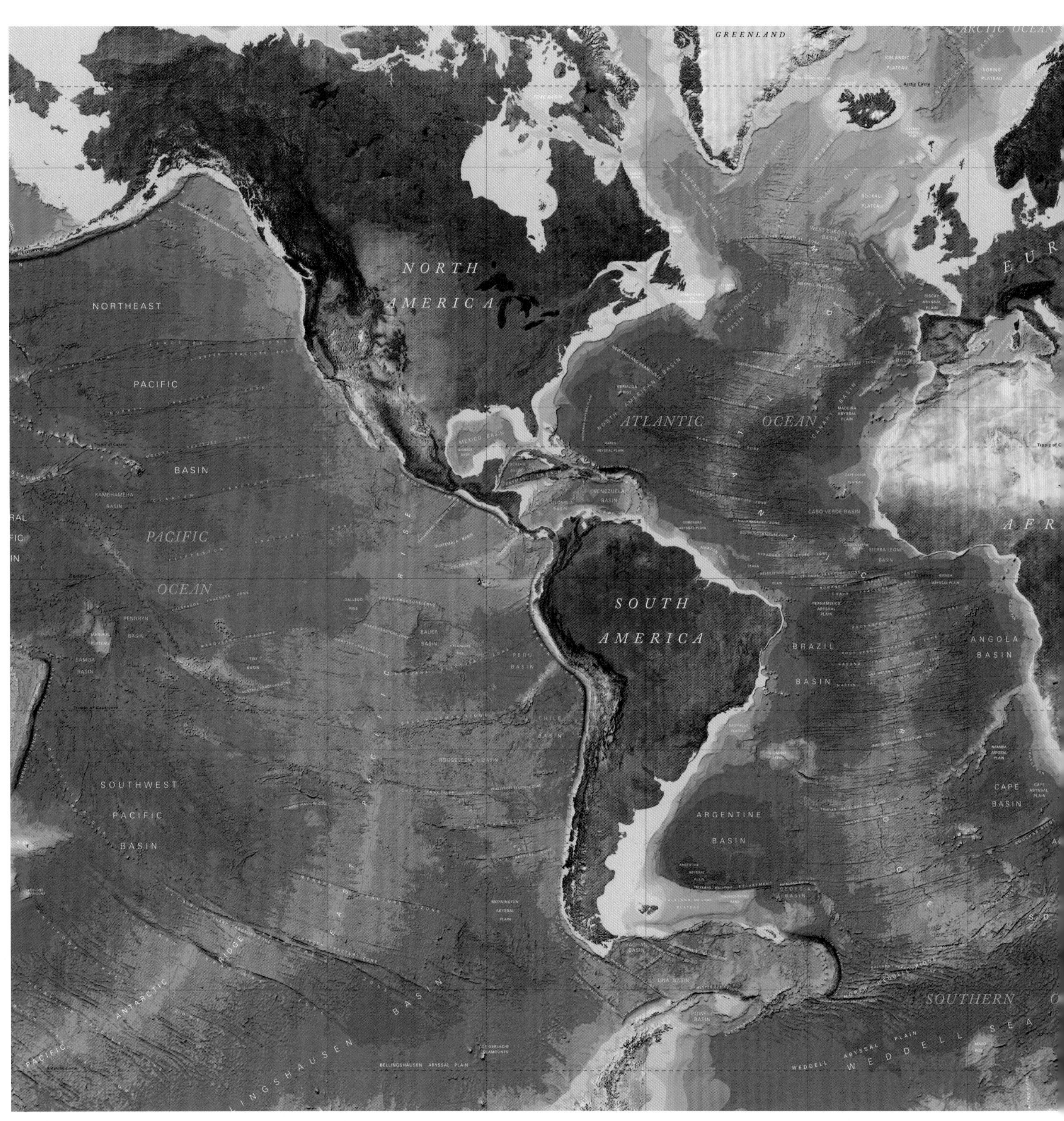

信的依赖非常强烈，所以人类需要进一步了解海底地形来维护和扩展使全球实现互联互通的海底电缆。

自1903年第一版《大洋地势图》出版以来（参见第145页），大洋地势图指导委员会就继续定期再版更新。1983年，数字地图模式，即光盘取代复印本。20年后，在庆祝《大洋地势图》诞生100周年纪念日上，此图的100周年纪念版闪亮登场，其中包括首次发布的海深网格图（记载海洋数据的即时全球网格）、轨迹信息图（特定调查的路径，以此突显出地图汇编采用的数据）。然而，通过这版地图可以看出人类对海底的掌握仍然不尽如人意。

1904年，朱利安·索利特（Julien Thoulet）教授在介绍第一版《大洋地势图》时曾说：“这就是人类目前对海底地形所掌握的一切。”未来，海员、报务员、工程师、海洋学家和科学家将会继续进行探测工作，从现在开始，人类必须调查地球上所有海洋区域，进而补充此图。然而，编纂《大洋地势图1903—2003历史》(*The History of GEBCO 1903–2003*，这本书记录了《大洋地势图》在20世纪的发展）的作者们总结道：“近100年过去了，索利特教授的话对百年纪念版《大洋地势图数字

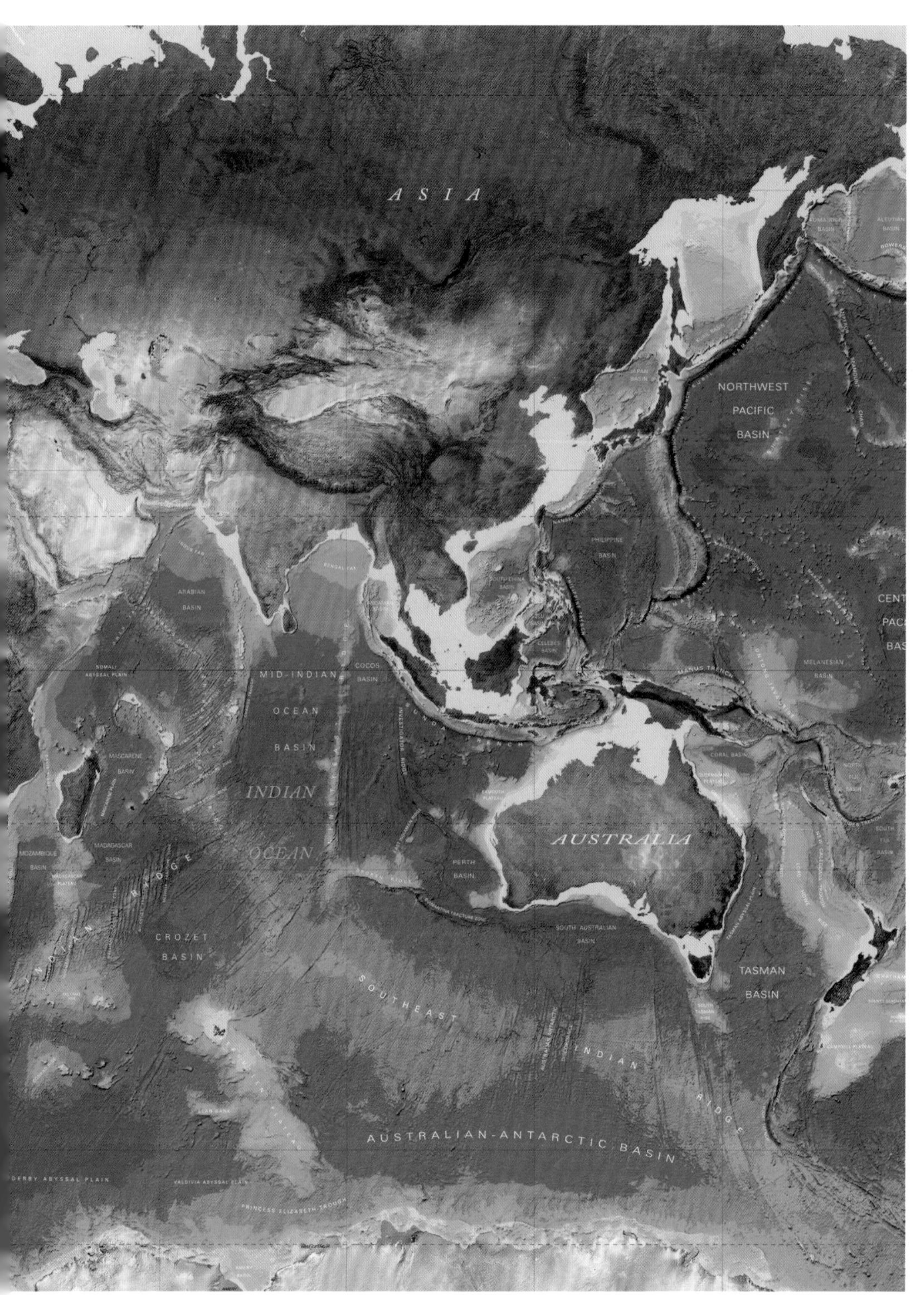

左图：2014版《大洋地势图》。

机器人将在未来海图绘制领域发挥关键作用

无人操控机器人很可能是未来海图绘制的中坚力量。2015年，为了促进海图绘制的发展，非营利性美国组织“X奖基金会”(X Prize Foundation，缩写为XPRIZE）设立了“XPRIZE海洋发现奖”(the Ocean Discovery XPRIZE)。2019年，大洋地势图指导委员会与日本财团（Nippon Foundation）组成的16人团体打败了自动勘探舰艇“SEA-KiT”，赢得了本次竞赛的400万美元大奖。该竞赛的要求是在24小时内制作一张5米（约16英尺）分辨率的测深图，并拍摄多张海底图像。SEA-KIT由一艘自主水下载具（autonomous underwater vehicle）和一艘特别研发的无人水面舰艇（un-crewed surface vessel）组成。此次的获奖团队在规定时间内探测了278平方千米（约107平方英里）的海域，并且拍摄了10多张可辨别地质特点的海底图像。该团队计划将此次比赛的奖金重新投资到未来的海洋测绘事业中。SEA-KIT也将在“2030年海床计划”中扮演重要角色。

上图： SEA-KIT的Maxlimer号无人水面船艇。

云图》(*GDA, GEBCO Digital Atlas*，《大洋地势图》的100周年纪念版）同样适用。”

如今，人类对海洋深处的了解还不及对月球、火星和金星了解得多。虽然科学家利用卫星数据绘制出了能反映全球海底地形的“2019年重力图”(2019 gravity map，参见第178页)，但此图的分辨率只有6千米左右。在全球范围内，通过多波束声呐系统，被绘制成100米分辨率的地图只覆盖了世界10%—15%的海底面积。与此相比，人类已经将全部月球和火星表面，以及98%的金星表面绘制成了100米分辨率的地图。

马航MH370的消失、海洋栖息地的丧失、2011年日本东北地区发生的地震和海啸等自然灾害，以及海上能源需求增加以及利用海洋资源开发潜在的药物、矿物和金属等商业需求的增加，都体现了人们需要充分了解海底。此外，联合国可持续发展目标第14条也指出要加强科学知识、提高研究能力，寻找保护和可持续利用海洋及海洋资源的新途径。

2017年，大洋地势图指导委员会与日本财团共同启动了“2030海床计划”。这项国际计划旨在收集所有水深数据，以期在2030年绘制出世界海底的全面地图，并向所有人开放。

2017年6月，该项目在首届联合国海洋大会（United Nations Oceans Conference）上启动。同年晚些时候，联合国宣布2021年至2030年为海洋科学促进可持续发展国际10年。希望在这10年里能提高人类的海洋依赖意识，加强国际合作科研项目并降低恶劣天气，如飓风给水手带来的风险以及珊瑚礁和沙洲给水手造成的物理危害，并且提高未来人类管理重要且脆弱的海洋与海岸环境的方式。

左图： 第一届联合国海洋大会于2017年召开。

下图： Nekton正通过水下潜水器与无人机探索海洋。

连线水下世界的开创性直播

2019年，英国非营利性研究机构“自游生物”（Nekton，以下用“Nekton”表示）在印度洋水下60米（约197英尺）处通过无线网络直播了电视视频，创下了世界纪录。这个举动开始于在塞舌尔为期7周的考察期间，当时科学家在塞舌尔海域收集数据，为了实现塞舌尔承诺保护其30%水域面积的承诺。该计划是利用载人潜水器和水下无人机调查世界上被探索和保护程度最低的印度洋，这项计划志向很大，此次水下直播只是该计划的第一步。

Nekton秉持到2030年至少保护全球30%海洋面积的指导目标，在全球40多个组织的支持下，致力于探索和保护全世界海洋，主要探索水下450米（约1476英尺）的地方，这里生物多样性丰富，然而极易受人类活动影响。Nekton希望结合科学研究、能力开发项目、海洋管理和治理举措与公共服务，让更多人参与其中，让人们意识到健康的海洋环境对人类的福祉是多么重要。

致谢

感谢英国国家海事博物馆馆长梅根·巴福德博士（Dr Megan Barford）对图稿的建议；感谢瓦内萨·达布尼（Vanessa Daubney）、约翰·图灵（John Turing）以及大角星出版社（Arcturus）的其他工作人员，感谢他们努力促成了本书；感谢杰姬·迪菲（Jackie Deffee）对本书早期的研究工作提供帮助；感谢英国国家海事博物馆（the National Maritime Museum in Greenwich）的凯尔德图书馆与档案馆（Caird Library and Archive），以及南安普敦国家海洋学中心（National Oceanography Centre in Southampton）的国家海洋图书馆（National Oceanographic Library）的工作人员。

本书与英国国家海事博物馆联合出品：

格林尼治海事区被列为联合国教科文组织世界文化遗产，位于其中心的是格林尼治皇家博物馆的4个世界级景点：

1. 英国国家海事博物馆
2. “卡蒂萨克”号帆船
3. 格林尼治皇家天文台
4. 皇后宫艺术画廊

谨以此书献给我的侄子与侄女：

亚历克斯（Alex）、马修（Matthew）、凯瑟琳（Kathryn）、布兰德（Bland）、安娜贝尔（Annabel）、格蕾丝（Grace）、伊莫金（Imogen）、迪菲（Deffee）。

图片版权

t = top, b = bottom, l = left, r = right

Alamy: 131, 136, 188

Benjamin Halpern: 183

Blue Water Recoveries Ltd: 65t (Peter Holt)

Bridgeman Images: 19, 45b, 47, 59, 67b, 75, 81, 148

British Museum: 17b, 29

Census of Marine Life: 182

David Woodroffe: 10, 21, 141t, 142t

Getty Images: 18, 111t, 111b, 121, 151, 159, 162b, 163, 189t

IODP: 160, 166 (NSF/JRSO/Tim Fulton)

Library of Congress: 15t, 70, 99, 114, 139

Lovell Johns: 26, 55t, 116

Metropolitan Museum of Art: 13b (Rogers Fund, 1980), 17t (Rogers Fund, 1930), 117 (Cyrus W. Field, 1892)

© National Maritime Museum, Greenwich, London: 7, 8, 14, 16, 28, 30, 52, 55b, 60, 61, 63, 64t, 74b, 76, 79, 80, 82, 83t, 84t, 84b, 85, 86, 87, 89t, 89b, 90, 93, 95, 96, 97, 101b, 106, 112, 126, 132, 147

NASA: 157, 158, 172, 176t, 176b, 177

Naval History and Heritage Command: 153t, 155

Nekton Mission: 189b

NOAA: 109, 128, 134, 135t, 135b, 140, 145b, 154, 156, 164, 168t, 168b, 170, 171, 173b, 174, 175, 176b, 178, 180,

Public Domain: 1, 2, 9, 11, 12b (www.deepreef.org), 13t, 15b, 20, 23t, 23b, 24, 25, 27t, 27b, 32, 34, 36, 37t, 37b, 38, 42, 44, 45t, 48, 49, 50, 51, 53, 54, 56, 57, 60b, 62t, 62b, 64b, 65, 67t, 68, 69, 72, 74t, 78t, 78b, 79, 83b, 88, 92, 98, 100, 101t, 102, 104, 105, 108, 110, 113t, 113b, 118, 119t, 120b, 122b, 123, 124b, 125, 127, 137, 141, 142b, 143t, 144, 145, 146b, 149l, 149r, 150b, 152, 153b, 169, 173t, 179b, 181, 182, 183, 185, 186 (GEBCO)

Shutterstock: 12t, 22, 31, 41, 129, 130, 138, 167, 184

Science Photo Library: 143t, 162t, 176t

Wellcome Collection: 120t, 122t, 124t, 143b, 146t, 150t